The Mayo Clinic
handbook for happiness

幸福心理学

—4步韧性生活计划

著◎ [美]阿米特·索德（Amit Sood）

主　译：高文斌

译　者：（按姓氏拼音排序）

蔡　祎　高文斌　胡　倩

陶　婷

（译者均来自中国科学院心理研究所）

北京科学技术出版社

著作权合同登记号 图字：01-2019-2412

图书在版编目（CIP）数据

幸福心理学 /（美）阿米特·索德（Amit Sood）著；高文斌主译.
—北京：北京科学技术出版社，2021.3

书名原文：The Mayo Clinic Handbook for Happiness

ISBN 978-7-5714-1244-9

Ⅰ.①幸… Ⅱ.①阿… ②高… Ⅲ.①焦虑–心理调节–指南

Ⅳ.①B842.6-62

中国版本图书馆CIP数据核字（2020）第240153号

责任编辑：赵美蓉
责任校对：贾　荣
图文设计：北京锋尚制版有限公司
责任印制：吕　越
出　版　人：曾庆宇
出版发行：北京科学技术出版社
社　　　址：北京西直门南大街16号
邮政编码：100035
电　　　话：0086-10-66135495（总编室）　0086-10-66113227（发行部）
网　　　址：www.bkydw.cn
印　　　刷：三河市国新印装有限公司
开　　　本：880mm×1230mm　1/32
字　　　数：200千字
印　　　张：8
版　　　次：2021年3月第1版
印　　　次：2021年3月第1次印刷
ISBN 978-7-5714-1244-9

定　　价：59.00元

献给我的精神导师

—

Terry, Judi and Carla

献给我所爱的人

—

Richa, Gauri and Sia

献给你们

—

致力于为孩子们创造一个更美好
和更幸福世界的人们

致 谢
Acknowledgments

我并不认为是我写成了这本书。它是由很多患者和学者共同书写的，他们教会我的远比我可以分享的更多；上万名研究人员、思想家和精神导师的成果帮助我了解了人类的状态；上千位学者帮助并支持了我的工作；几百位朋友和亲人用安慰与善良，构成了我生命呼吸的每一个瞬间。对这本书的每一位读者和无数致力于让世界更美好的人们，无论你是否被歌颂，我都奉上我最深的感激之情。

向以下人员致敬：

感谢Mayo Clinic补充与综合医疗项目主任Dr. Brent A. Bauer，感谢导师的非凡指导与支持。

感谢Mayo Clinic补充与综合医疗项目的同事们：Drs. Anjali Bhagra, Tony Y. Chon和Jon C. Tilburt; Debbie L. Fuehrer, L.P.C.C.; Barbara S. Thomley; Susanne M. Cutshall, R.N., C.N.S.; Kathryn C. Heroff; 感谢整个按摩、针灸及动物辅助治疗团队一路上给予的情谊和帮助。

感谢Mayo Clinic内科综合部的领导，Drs. Paul S. Mueller和William C. Mundell; Rachel L. Pringnitz;

Darshan Nagaraju和Beth A. Borg，感谢他们杰出的管理
支持和引导。

感谢Mayo Clinic全球商业解决方案图书团队，尤其
是Christopher C. Frye, Stephanie K. Vaughan, Paula M.
Marlow Limbeck，以及Deirdre A. Herman和她的编辑研究
团队，感谢他们的杰出编辑与帮助。

感谢Perseus图书和Eclipse出版团队——Fred Francis,
Dan Ambrosio, Mark Corsey和Jane Gebhart——感谢他们
信任我的工作，并将初稿变成出色的作品。

感谢Mayo Clinic全球商业解决方案团队，尤其是
Dr. Paul J. Limburg, David P. Herbert, Lindsay A.
Dingle和Marne J. Gade，感谢他们的热心合作和支持。

感谢Mayo Clinic法律和品牌团队，尤其是Monica M.
Sveen Ziebell和Amy L. Davis，感谢他们一路上的帮助。

感谢Mayo Clinic医学部团队，尤其是Dr. Morie A.
Gertz和Michael (Mike) H. Schryver，感谢他们的激励与
支持。

感谢Mayo Clinic的领导们，尤其是Dr. John H. Nose-
worthy和Jeffrey W. Bolton，他们向我们展示了鼓舞人心
的愿景，激励Mayo Clinic每天不断前进；还有每个一起
工作的Mayo Clinic员工，真正践行我们的精神使命：患
者的最佳利益是唯一需要考虑的利益。

我尤其要感谢：Dr. Kristin S. Vickers Douglas和
Debbie L. Fuehrer, L.P.C.C.，他们提出全面而深刻的评
论；Dr. David T. Jones关于大脑章节精彩的反馈意见；
Judi & Terry Paul，以及Carla & Russ Paonessa，他们提
供了慷慨的支持和指导。Terry最近离我们而去，但是他

会永驻我心间，他是我所遇到的最励志、最具韧性和最慈爱的人之一。

我由衷地感谢：我的父母，Shashi和Sahib Sood，他们是韧性生活的典范；我的岳父岳母，Kusum和Vinod Sood，他们像亲生父母一样地爱我；我的兄弟Kishore及姐妹Sandhya和Rajni，感谢他们的爱和对我无条件的支持；Gauri和Sia，我们的快乐源泉（也是我的幸福长官），是每个家长都梦寐以求的最甜美的孩子；我的妻子Richa，她的信仰、爱和善良的力量渗透到这本书的每一页。

最后，我要感谢每一位患者和学习者，在无数的人生厄运来临时，选择韧性、信仰和积极面对。我希望你们每一个人都能找到健康、希望、治愈和幸福。

阿米特·索德（Amit Sood）

@amitsoodmd

前 言
Preface

　　我成长在印度中部一个相对贫困的社区里，我家只有400平方英尺（约37平方米）。如果放任自流，在缺乏学习氛围的环境里，今天的我无疑只会成为一位街边卖西红柿的普通商贩。幸运的是，我的父母认为道德和高等教育的价值高于一切。在父母的督促、引导、爱及偶尔的棍棒教育下，我于1984年秋天考入医学院校。

　　那一年，悲剧降临我的家乡印度博帕尔市。午夜的一次化学品泄漏杀死了数以千计的人，导致数万人致残。两天后，我出现在医院门口。作为一名医学新手，我做不了什么，但是这次经历使我震惊。在接下来的几周里，我目睹的罹难与幸存的场景，比大多数人一生见过的都多。

　　接下来的几年没什么不同。尽管人类有着出色的韧性，但营养不良及感染——因资源匮乏而火上浇油——仍在蔓延，如同世界的其他地方。所以，当我经过10年的医疗培训，于1995年来到美国时，我以为自己到了迪士尼乐园。我以为这里的每个人都幸福知足，生活毫无压力。

正如你能想象的，事实与我的预期相差甚远。压力与痛苦波及的范围之广，令我震惊。不仅仅是我最初两年所待的低收入的贫民区，在任何地方，我都可以看见相同的状况。统计数据令人震惊：每年超过30 000人自杀，9%的青春期女性曾经怀孕，10%的成人患有抑郁症，1%的成人曾经坐过牢。抗压能力是雇主们在用人时首要考虑的问题。一切显然出现偏差了。

患者们有各种问题，诸如虽患慢性疼痛而磁共振（MRI）检查显示正常，或者因为某种诊断未明的"诅咒"心存忧虑，我并不喜欢给他们贴上"忧郁症患者"或者"时间挥霍者"之类的标签。总之，没有人会选择感到有压力、抑郁或者疼痛。

我面临许多无解的问题。这些患者正在经历着什么？为什么他们无法被治愈？这引发了我关于人类状态的更深层次的思考，我越发好奇，幸福为什么难以到达？

我开始了一次寻找答案之旅。我见过数百位科学家、哲学家、精神导师，读过数千篇文章，在近20年的时间里研究了数万名患者和学生。为21世纪的心灵找到减压之路，这个愿望点燃了我的激情。慢慢地，我有了思路。

我发现大多数人所经受的痛苦并非源自人类本身的错误，大脑和心灵本身的构造和运行模式就会产生压力。大脑和心灵合起来就是一部天然的故障搜寻仪，大脑中产生的思想和情绪，目的是保证我们的生命安全，而幸福，作为次要目标，被大脑忽略了。

我们找到了大脑注意力分散的默认模式。我们每天都会花半天时间处于这种模式中，过分关注威胁和缺陷。我发现，人类心灵是根本无法安宁的，更为尴尬的是，甚至可以说人类心灵是不可理喻的。我发现，我们最有力量的工具——想象，使我们创造出并生活在无数的"如果"中，我们由此陷入无尽的沉思、担忧和想象的灾难。我意识到，由于我们的心灵趋向于贬低美好事物的价值，生活中的大多数快乐只能带给我们短暂的愉悦，而无法维持长久的幸福感。所有这些知识帮我得到一个重要结论：相较于追求幸福本身，懂得感恩与关怀更能带给我们快乐。

在对大脑和心灵的运作模式充分了解的基础上，我开始思考解决办法。首先，我清空大脑里存在多年的全部教条、信仰和偏见。然后，基于新发现、新理解，我开辟了新的路径。我开始在临床实践中应用这些观点。刚开始收效甚微，随着理解的深入、个人实践和交流技巧的成熟，效果开始显现，甚至有时成效显著。随着实践经验的增加，在患者和同事们的敦促下，我开始收集资料，决定写下《幸福心理学》。

在推动这个韧性生活项目和写这本书的过程中，我评估了对该项目的成功起着关键性作用的7个方面。

1. **内容科学**　几个学科，尤其是神经科学和心理学，对本项目做出了贡献。进一步的试验研究表明，该项目能够减轻压力和焦虑，增强韧性，提高生活质量和幸福感。

2. **技能为本**　此项研究精炼出一系列技巧，可以引导读者进行结构性的、步骤性的练习。书中提供了解决方案。

3. **方法简洁** 这些技巧针对繁忙的生活而设计,注重简洁性。我相信,方法越简单,我们越容易练习这些技巧。

4. **时间灵活** 你不必专门请半个月的假或者安排一个月的闭关修行来掌握这个项目。在临床实践中,我和同事们会教授60~90分钟的核心技巧。

5. **结构合理** 多项单一技巧整合起来并相互支持,最终效果会比各部分简单相加的总和更强大。例如,如果没有感恩、接纳和意义作为力量源泉,单纯的关怀练习只会导致关怀心疲惫不堪、孤立无援。类似地,如果没有感恩、关怀和接纳的支持,宽容将是一座难攀的陡峰。

6. **无关信仰** 这些技巧没有偏向或者反映某个特殊信仰的信念。它们对那些关注自己精神状态的人们的吸引力,与宗教、无神论或者某个特殊的信仰无关。

7. **与21世纪生活接轨** 我敢肯定,比起生活在2000年前或者3000年前的人们,我们的大脑运转要快得多。要求一个普通人拿出一小时来冥想显然不切实际。这些技巧可以利用一天中零碎的时间,而不是占用过多的时间。而且,我们发现这些技巧与多数训练过的人的世界观产生共鸣。

这本书能使你更好地参与《无压生活心理学》(*The Mayo Clinic Guide to Stress-Free Living*)中提到的项目。《无压生活心理学》在科学和哲学层面对本书的韧性生活项目做出了详尽的解释,本书将这个韧性生活项目分解为四步,包括注意力训练、培养情绪韧性、开始身心修炼、养成健康习惯。考虑到这个主题的复杂性和你忙碌的生活状态，本书提供了一个简单的纲要，并不会占用你太多时间。

整本书中，你会不时地看到笑脸图标（☺）。每个图标都跟随着一项特殊的增加幸福感的练习。在阅读本书时，尝试一下这些练习。

数十年来，我研究了成千上万名患者，我相信本书呈现给大家的是一条可信、可实践的幸福之路，是21世纪生活的福音。临床实践和研究显示，这些方法能够减轻人们的压力和焦虑，增强韧性及幸福感。没有比帮助你找到更多的幸福更让我快乐的了。在通往幸福的道路上，你选择与我们同行，我和Mayo Clinic的同事们备感荣幸。

祝好！

阿米特

目 录

Contents

第三章

采取行动：
分4步，历时10周

第一章

让你的心灵做好准备

PREPARE YOUR MIND

减 负

请允许我以一个愚蠢的问题作为开头，这确实是一个相当傻的问题。

假设我将要飞到爱丁堡度过10天的假期，我应该怎样处理我的行李？选出最佳回答。

☐ 不带行李。
☐ 将行李放在头上。
☐ 托运行李。

我肯定你会选第三个选项"托运行李"。除非参加生存挑战赛，否则"不带行李"不会是我的选项。如果是家庭旅行，状态与"不带行李"完全相反：看到我们的行李，你会认为我们在搬家。

第二个选项"将行李放在头上"，也是胡说八道，既愚蠢又不切实际。

那么，这给我们什么启示？首先，不妨这样想：旅行的时候不要把行李放在头上，记得去托运。

我想，这显而易见。那么，我再提供另一个角度。这次，我提一个问题：如果我们不会在头顶放置额外的负担，为什么我们要在头脑中放置额外的精神负担呢？

心灵承载着太多过去和未来的不必要的负担。这些额外的负担会伤害心灵，让人产生压力感、焦虑和苦恼。我们试着至少在今天减轻负荷。现在，写下过去和未来给你带来最大困扰的问题。

关于过去的负担	关于未来的负担

现在想象你将这些负担放进一个箱子并束之高阁，明天再打开它。

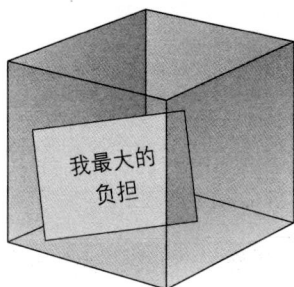

今天给自己放个假。今晨之前和今夜之后皆非现实。不要为世界担忧。真正的现实在这里：你、你的座位、你的房间、这本书，以及此时此刻。就这些。

进一步减负

我有个办法可以让你进一步减负，我保证这次不再犯傻。

基于你的生活环境，想象一下在未来一小时内会发生什么意外。在下框中写下你的想法，只写下那些极可能发生的事件。

你可能让框空置着。虽然生活充满挑战，但压力事件是在很长一段时间里陆续发生的。多数情况下，在接下来的一小时内，生活会维持现状，依然安好。

你是否同意，如果你只想着下一小时，你的一天将过得更加平和？

是 □   不 □

如果你回答"是"，请接受下面的建议：读本书的时候只想接下来一小时内的事情，正如你的上述答案一样。不是昨天，也不是明天或今天全天，只是接下来的一小时。事实上，你在开车的时候已经在这样做了。你开车的时候看向哪里？

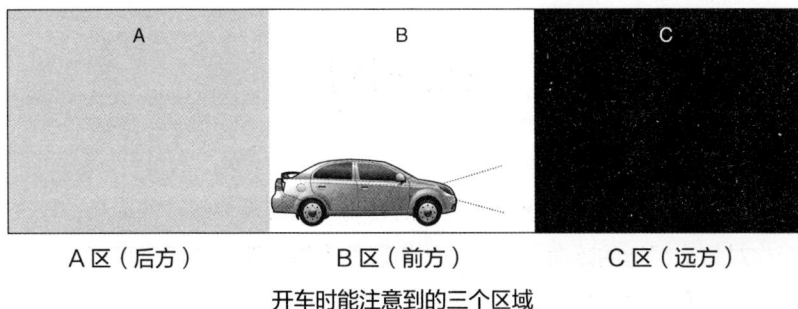

| A区（后方） | B区（前方） | C区（远方） |

开车时能注意到的三个区域

我敢肯定你开车时不会持续地通过后视镜看后方（A）或者直接看远方（C），这样做是不切实际而且危险的。多数情况下，开车的时候你是看向几十米远处。当然，你会偶尔看后视镜，长途旅行前也会事先设置全球定位系统（GPS）。但是，大多驾驶都发生在当下，只要关注几百米远的前方，你就可以完成数百千米的行程。

B区即为在路上。对心灵而言，就是指接下来的一小时。

· · ·

现在，心灵已经没有太多负担，让我们花一些时间来滋养我们的心灵。我们即将开始我最喜欢的练习——感恩冥想。

感恩时刻

感恩就是接收并感谢你生命中的礼物。感恩是你的精神记忆，代表着你对每次经历的感谢。感恩是任何通往幸福之路的必经里程碑。

☙ **精神食粮：感恩是任何通往幸福之路的必经里程碑。** ❧

心怀感恩，对象可以是物品，可以是经历，也可以是人。我相信感恩是最具力量的，尤其是面对你生命中特殊的人的时候。让我们列出感恩清单——写下在你生命中令你心怀感激的人。

我生命中值得感激的人	
我的爱人	
我的朋友	
我的同事	
我的邻居	
我的老师	
逝去的人	
其他（比如鼓励我的人、友好的陌生人、宠物）	

你是否意识到你的支持网络——你所有感激的人组成的人际网络——比你原来想象的要大得多？你并不孤单，整个世界都在支持你。如果有一天你感到孤独，去联系支持网络里的人。

☙ **精神食粮：你并不孤单，整个世界都在支持你。** ❧

现在是练习时间，就是我提过的感恩冥想。从你今天的感恩清单中选出五位，然后仔细阅读下面的指导语。

记清指导语，然后选一个安全、安静的地方，闭上眼睛，练习冥想。完成后继续阅读。

☺* 找个安静、舒适、安全的地方坐下来，慢慢地深呼吸。深吸气时，想着你要感激的第一个人。闭着眼睛想象这个人的笑脸，尽可能地看清这个人的脸和微笑。现在呼气，同时送出你的感激（就像发送一封心灵邮件）。下一步，想象第二个要感激的人。当吸气时，尽力看清那个人的笑脸；呼气时，送出你无声的感激。重复练习，将感激送给五个人。然后，放松几秒。调整好后，睁开眼睛。

· · ·

如果你愿意，练习对象除了人，还可以是你生命中的其他事物，比如健康、清洁的空气、住所、食物、水、居住的社区等。

注释：☺*是一项能够增加幸福感的练习。

这个简短的冥想怎么样？在下面的框里用几个词语或者句子，写下你的感想。

```
┌─────────────────────────────────────────┐
│                                           │
│                                           │
│                                           │
│                                           │
│                                           │
│                                           │
│                                           │
└─────────────────────────────────────────┘
```

· · ·

当我能够放下心灵包袱并心怀感恩，我会感到平静、精神振作和更加幸福。我希望你也会有相似的感觉。

我常常想：为什么我们不经常感恩呢？为什么我们要将整个世界塞进脑袋，却把幸福推开？我想我有答案——不是完美答案，却足够开始这个话题。下面，我要和你分享这些答案，帮你把自己介绍给你的大脑和心灵。

第二章

亲身体验

GET YOUR FEET WET

大脑的两种模式

　　人的大脑可比火星探测器复杂多了，它约3磅（1.36千克）重，由大约900亿个神经细胞组成，这些细胞紧密交织成网络。这看似复杂，却蕴藏着一种简单的原理。让我们通过探究大脑不断运行的原因来揭开大脑的秘密。

　　即使你什么都没有做，你的大脑也在工作。当发现外部世界很有趣时，大脑就开始关注世界。一般来说，集中精力的时候，大脑都很兴奋，但是，要专注于某事，就要付出努力。在你娱乐或者做有意义的事的时候，这种努力是值得的。但是，如果外界是无趣的或者无意义的呢？大脑感到枯燥时，会在默认模式里闷闷不乐，注意力分散，想些其他的事情，而不是你当下做的或者要思考的。注意力分散不会耗费精力，但会产生高昂的代价。它导致压力感、抑郁和焦虑，并且让你远离幸福感。如果你察觉到大脑里有个撕扯你的旋涡，那么这个旋涡就是大脑的默认模式。

　　大脑一整天都在两种模式里切换——专注模式（对有趣的事情）和默认模式（这时大脑注意力分散或者缺失）。我们分别来看一下这两种模式。

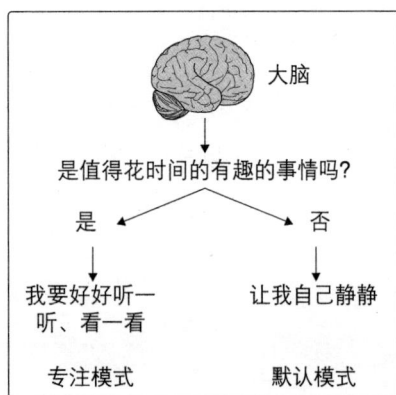

大脑

是值得花时间的有趣的事情吗？

是　　　　　　　否

我要好好听一听、看一看　　　让我自己静静

专注模式　　　　　　默认模式

译者注：1磅=453.59237克。

默认模式？谁，我吗？你在开玩笑呢！

虽然大多数人能够立刻分辨出自己的默认模式，但有些人觉得自己的注意力很少分散。在我完成这个测试之前，我也是这样认为的。你也来试试这个测验，回答下面的问题，问问你自己：

☐ 是否有过给小朋友讲故事却不知所云的经历？

☐ 是否经历过洗澡时大脑运转不停？

☐ 是否在听介绍时走神儿？

☐ 是否变得更健忘了？

☐ 近来是否有过醒来时思维在以每小时100千米的速度旋转的经历？

☐ 祈祷或者冥想的时候，是否曾和疯狂的想法斗争过？

☐ 是否有过站在车库门前，回想自己是怎么到那儿的经历？

☐ 配偶或者伙伴是否抱怨过你太容易走神儿了？

这些问题听起来很熟悉？只要你回答一个"是"，那么这些时候甚至更多时候，你的大脑都处于默认模式。默认模式就像旧收音机里的静电干扰，让你难以享受生活里清脆美妙的音乐。

在你意识到自己的默认模式后，你能估计出自己每天有多少时间处于心不在焉的神游状态吗？

☐ 少于25%

☐ 26%～50%

☐ 51%～75%

☐ 超过75%

如果你的答案是"少于25%"，我向你行脱帽礼！我非常想知道你是如何做到注意力如此集中的。当然，或许你该回想一下——你可能低估了自己走神的频率。这不是我说的，是科学家们说的。研究显示，大脑在清醒状态下有将近50%的时间在神游。在你阅读的当下，我们星球上有20亿到30亿人正在神游而且自己并未意识到。

悲哀的是，当我和感受到压力的人交流时，他们告诉我，大部分时间心灵都在经历一场时间旅行，就好像大脑里有只仓鼠在不停奔跑，毫无目地漫游。但仓鼠在这场奔跑游戏中毫无乐趣可言。下面的两个问题可以帮助你更好地理解默认模式。

你什么时候更容易进入默认模式？

☐ 当我感觉棒极了的时候。

☐ 当我感到枯燥的时候。

☐ 当我感到废话连篇的时候。

研究显示，第二项和第三项是正确答案。在下列情况中，你的大脑会花更多时间思考。

◎ 外部世界枯燥无聊时。

◎ 有太多亟待解决的问题——未解决的事情和未完成的任务——挤满了你的大脑。

在默认模式中，你有什么样的感觉呢？

☐ 主要是高兴。

☐ 中性。

☐ 消极。

研究显示，默认模式下你的想法是中性的或者消极的。这就是为什么大脑自己发呆时你感觉不到快乐。

大脑主要聚焦于自我（我或我的），它会不断创造和持续更新你关注外部世界的模式。它会通过想象可能的"如果"编织各种故事，同时沉浸于没有方向的、自言自语的对话中，将不同时期表面上有关联的各种事实联系起来。

听起来相当消极，对吗？但是，请不要说我错了。我并非故意妖魔化默认模式。健康的默认模式也是必要的。通过产生无意识的想法，默认模式能够将你的过去、现在和未来联系起来，能帮助你从他人的角度去理解别人，计划你的未来，让你拥有充满创造性的洞察力。默认模式也能帮助你探索外部世界。

那么，什么时候在默认模式里算浪费时间呢？有以下两种情况。

1. 当你在默认模式里花费了太多时间。
2. 当你的无意识思维在持续地纠结各种缺憾。

或许你现在思考的问题和我几年前提出的一样：如果默认模式并非最快乐的，为什么我的大脑偏好停留在默认模式呢？下一章我们讨论心灵，在那里你会找到答案。现在，让我们迎接第二种，也是更幸福的大脑模式——专注模式。

专注模式

想象一下，如果此时此刻，你高中最好的朋友或者你最喜欢的明星走过来和你握手，你会有什么感觉？你是否会暂时忘记压力，完全地投入？如果你的回答是"是"，那是因为你的大脑正处于专注模式。

回忆一下，在过去的几周里，是否有这样的时刻，你忘记了每天生活中的琐事，完全地沉浸在某件事里而忘记了时间？那个时刻你在干什么？

- □ 读一部伟大的书。
- □ 和孩子玩耍。
- □ 观看壮丽的落日。
- □ 打网球或做其他运动。
- □ 解决客户的问题。
- □ 探望爱人。
- □ 享受美食。
- □ 祈祷或冥想。

想一下，你处于这种状态的时刻还有哪些？写下来。

这些都是专注模式下的活动。在专注模式下，你全身心地投入某件事，享受新奇感，体会它给你带来的意义，你几乎没有分心。这种状态下，你感觉更幸福。

当关注某些特别的事物对你来说毫不费力时，你可以轻松地进入专注模式，即使你关注的只是普通的事物或者人，也同样如此。三岁的小朋友会自然而然地关注普通事物，因为对他们来说，所有的事物都新奇无比。但当我们长大了，我们感兴趣的事物也就越来越少了。

某一周内，你处于专注模式的频率是多少？

☐ 很少，偶尔有。
☐ 每周几次。
☐ 几乎每天。
☐ 每天几次。

如果你能够锻炼自己的大脑，使其更多地处于专注模式，岂不是更好？如果从现在起五年内，你感兴趣的事物比今天更多了，不也是很美妙的吗？这就是我希望能够带你一起体验的幸福。我敢肯定，大多数时间里，你都处于专注模式里。我希望能够通过简短的步骤，帮助你不断地延长处于专注模式的时间。刚开始时这些练习需要付出努力，但最终一切将习惯成自然。

让你的大脑自己学习

基于目前你已学到的，你知道自己什么时候处于专注模式吗？

当我关注某事时……	☐ 无聊	或者	☐ 有趣
当我关注某事时……	☐ 有意义	或者	☐ 无意义
当我关注某事时……	☐ 外界的	或者	☐ 内心的

你极有可能选择有趣、有意义和外界的。当你关注有趣、有意义的事物时，你就处于专注模式中，这些事物通常是关于外界的。有个例外情况值得一提：有意识地选择有意义、有目的的想法，也能让你处于专注模式。

这是一个值得重复的重要观点。下列情况中，你就处于专注模式中。

◎ 专注于大脑之外的某个新奇而有意义的事物。

◎ 有意识地选择自己的想法。

在这两点中，我请你从专注于大脑外部的事物开始训练注意力。这是因为心灵的内部聚焦——有意识地控制你的思维——经常将你推回默认模式中（浮想联翩）。如果你曾深陷沉思而无法控制，你一定有过这种体验。多数人发现外部聚焦更容易进行。我会在第三章里列出训练的细节。

你可能会说："我有很多事情要思考，我如何能只活在当下呢?"我完全理解你，我也和你有同样的想法。我并不强求你活在当下，我只是想请你关注自己当下的感受和体验。现在我们区分一下两种思考模式：一种是选择性地思考，另一种是浮想联翩。当你对思考的内容有所选择（你的想法是主动进行的），它们通常是积极的且有可能是更有效的；而浮想联翩只会让你纠结于缺憾，无法自拔。前者是专注模式，后者是默认模式。下面举个例子。

你和丈夫托德及女儿塔尼娅正在飞机上，他们都慢慢地进入梦乡。你开始在脑中计划塔尼娅的十岁生日礼物，距离她的生日只有几周的时间了。她非常想要一部手机，但是她的年龄足够大了吗？送她写字板怎么样？又或者送她一本折纸书……仅仅几分钟，你就在心里列出了一张可供选择的清单。你的思考是如此高效。看看下一步会发生什么。你看向塔尼娅，想起她的朋友安娜。塔尼娅今天早晨大哭了一场，因为安娜没有邀请她参加生日派对。你开始神游。安娜的妈妈昨天没有对我的微笑做出回应，我不在乎；但安娜的爸爸是托德的领导。他要是炒了托德怎么办？托德失业了，我们怎么还贷款？我是否应该重回大学完成学业？可我忍受不了统计学。加入谢里的珠宝生意或许能减轻我们的经济压力，但要是谢里不想和我一起干呢？我们怎么才能保证塔尼娅顺利读完大学？我们是不是能负担得起二胎呢？

你这下明白专注模式是如何转换成默认模式的了吧？你需要一些默认模式下的思考，但是如果不加控制，它们会像被风吹散的蒲公英一样，漫无边际地飘落。我相信我们都需要阻止大脑中自发的思绪，让我们的思维更加积极有效。我将会在第三章里分享有关的方法。

· · ·

大脑的两种模式：你学到了什么

关于大脑，我要说的是：忽略不同脑叶和网络系统、神经细胞和神经丛、受体和分子这些细节。这些细节可能令你着迷，想要更多地了解它们，但同时，它们会分散你的注意力。了解默认模式和专注模式能带你尽快地融入"韧性生活计划"。在《无压生活心理学》第一章"大脑的两种模式"里有更多讲解。

阅读下面的条目，对每一个选项进行思考，充分理解后进行勾选。

□ 大脑有两种运行模式：专注模式和默认模式。

□ 大脑的专注模式能够处理来自外界的新奇和有意义的信息，或者让你产生积极而富有成效的想法。专注模式下你会更幸福。

□ 大脑的默认模式处理中立或者负面想法，时常表现为注意力不集中。如果在默认模式中浪费太多时间，你会感到不快乐。

□ 人们在默认模式中会花掉一半以上的时间，用于逃离或者担忧他们生活中将要发生的事。

最后一个观点：大脑的两种模式此起彼伏。你无法同时分散和集中注意力。显而易见，对这一事实的反思带来了极有用的认识：退出不健康的默认模式，最好的办法就是及早发现它，同时开启并进入专注模式。

当你尽情享受专注模式，并且意识到自己是有意识这样做的，你才会充满活力。如果你耗费80%的时间用于意识神游，那么你每天只有少数时刻感到自己精力充沛。但如果你有意识地将大脑调至专注模式，我相信你处于充满活力的意识状态的时间会成倍地增加。

是不是很简单？是的。但是，沉浸于专注模式也需要你的努力和热情的合作。

心　灵

现在回到这个问题：既然专注模式这样棒，我们为什么要花这么多时间在默认模式中呢？我们为什么花大部分时间挣扎于亟待解决的问题——所有生活中未解决的事情，进而增加我们焦虑、抑郁、注意力缺乏甚至痴呆的风险呢？让我们来学习一下人类心灵的运作模式，继而回答这个问题。简单来说，就是将大脑当作硬件系统，将心灵当作软件系统。

假设你是一名生物工程师，正进行一项秘密实验：要创造一个新的物种。你会给这个物种的心灵分配哪些重要的任务，使它能够生存下去？

□ 让这个物种保持快乐。
□ 保证这个物种的安全。
□ 确保它能够学会冥想。
□ 保证它睡眠安稳。

正确的答案是第二个：保证物种的安全。

对我们人类来说，亦是如此。心灵的首要工作就是保证你和你所爱的人的安全。心灵会盘点所有能提高生存和繁殖成功率的信息，行为学家称之为"凸点"（有价值的）。只有安全得到保障，心灵才会开始探索更有趣的事物。

下面哪些事情会吸引你的注意力？

在起居室里	☐ 一条蛇	或者	☐ 一把普通的椅子
当驾驶时	☐ 一辆白色小轿车	或者	☐ 一辆警车
当饥饿时	☐ 一家鞋店的招牌	或者	☐ 一家比萨店的招牌
墙上	☐ 一张敞篷汽车的照片	或者	☐ 一张老房子的照片
在路边	☐ 一个行走的小丑	或者	☐ 一个衣着普通的人
在后花园里	☐ 一只知更鸟	或者	☐ 一只秃鹰

你可能会选蛇、警车、比萨店的招牌、敞篷汽车的照片、小丑和秃鹰。这是因为你的心灵关注了下面三件事。

◎ 威胁（蛇和警车）。
◎ 喜悦（比萨店的招牌和敞篷汽车的照片）。
◎ 新奇（小丑和秃鹰）。

威胁、喜悦和新奇这三件事，心灵会首先关注到威胁。显而易见，这是人类的本能。研究显示，我们在生命的第一年即开始有选择地关注威胁。正是对威胁的关注使得我们作为一个物种生存下来。然而，相较于几百年前，外部环境发生了变化。我们来看看是如何变化的。

我们的威胁来自哪里？
一天中，你全神贯注于防御外界物理威胁的时间有多少？

☐ 少于10%。
☐ 11%～25%。
☐ 26%～50%。

☐ 超过50%。

我希望你会选择少于10%。

那么，你对于生活在5000年前的人，这一百分比的最乐观估计是多少？

☐ 少于10%。
☐ 11%～25%。
☐ 26%～50%。
☐ 超过50%。

这次你选择的百分比应该会高些。

对比几千年前，现代人生活在文明的社会中，花在保证人身安全上的时间要少得多。最近一项调查显示，美国大多数妇女认为无须害怕夜晚独自外出。

那么，我们当前的威胁主要来自哪里，是外界还是内心？是内心，对吗？

我们的心灵是一间记忆和经历的储藏间（包括过去的伤痛和悔恨，以及对未来的担忧），它需要清理。有些威胁是合理的，但有些不是。如果你正处在某种物理威胁之中，导致你产生了FEAR（forget everything and run，忘记一切并逃离），那么"恐惧"就是合理的。但是现代恐惧通常来自于另一种不同的FEAR（false expectations appearing real，看似真实的虚假期望）。正如幽默作家马克·吐温所说，"我生命中经历了许多可怕的事情，但只有少数是真实发生的"。

我们当今面临的威胁主要是心理上的，心理斗争取代了现实的外部威胁。我们害怕经历窘迫、错过期限、让别人失望，或者害怕感到屈辱、受伤、一无是处。对于这一切的恐惧（反刍思维或担忧），将我们的注意力封锁于大脑，让我们备受煎熬。

注意：反刍思维是指不断重复关于过去的想法，可能会导致悲伤、悔恨、愧疚和焦虑；而担忧是对未来的思考。在这本书中，反刍思维这个词意指关于过去和未来的消极想法。

反刍的心灵最终会让人发现挣扎毫无意义，并试图压抑消极的思绪。但是压制的思绪就像压紧的弹簧：压得越紧，反弹越明显。研究显示，思想压抑会导致个体对同一事物产生更多胡思乱想。即使你拥有超凡的想象力，可以考虑到甚至夸大各种可能性，但是这毫无帮助。大脑会经历你想象出来的任何事情，就好像它真实发生过。回忆某人和看见这个人的照片，大脑被激活的是相同的神经细胞。

精神食粮： 大脑会经历你想象出来的任何事情，就好像它真实发生过。

对一段伤痛的记忆，不断地对其反刍，尝试压抑思想却徒劳一场，再加上我们倾向于灾难化的想象，这一切会形成注意力旋涡，让我们难以自拔。这种现象，我称之为注意力黑洞。

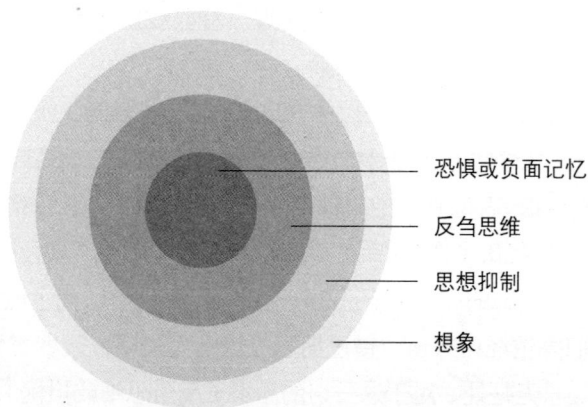

恐惧或负面记忆

反刍思维

思想抑制

想象

注意力黑洞的结构剖析：恐惧或负面记忆是核心，被心灵创造出来的层层思想包裹——这种回避性反应实际上增加了对恐惧或负面记忆的注意和想象。

注意：心灵同样会记住愉快的记忆和对美好未来激动人心的期待。然而，相较于积极事件，我们会本能地更关注不完美。由于这个原因，也为了简单起见，我将主要讨论注意力黑洞。

这些注意力黑洞可能和工作压力、亲密关系中的不安全感、经济拮据、曾经受过的伤害或者健康问题有关，它们将你的注意力从这个精彩的世界转移，使你进入心灵漫游和心理时间之旅。这个过程会消耗能量，自我蚕食，导致压力。

举个例子。假设今天下午4点30分你的医生给你留了一条语音信息："鲍勃，尽快回电。我要告诉你检查结果。"你晚上9点查看了信息，但是回电后没人接听。你会去想象最坏的结果吗？你会整晚担心并试图压抑你的担心，让自己进入睡眠吗？如果回答"是"，你就是陷入了注意力黑洞。

你在个人生活或者职业生涯中是否遇到过攫取注意力的黑洞？在下面的空格里写下答案。

个人 / 职业	过去	未来
个人 （家庭、亲密关系、健康、住所等）		
职业		

许多人都会身处多重注意力黑洞，这些黑洞攫取注意力，让人关注过去和未来的不完美，远离当下。

除了注意力黑洞，我们的大脑还背负着大量亟待解决的问题。快节奏的生活、飞速发展的科技和海量的选择都迫使我们的心灵整天在高速飞奔。我所遇到的大多数人每个月都要付成打的账单，需要记忆大量用户名和密码。快节奏的生活和亟待解决的问题让你极力挣扎，想停下如失控飞奔的仓鼠一样飞驰的思维列车。于是你的整个世界开始变得暗无天日。

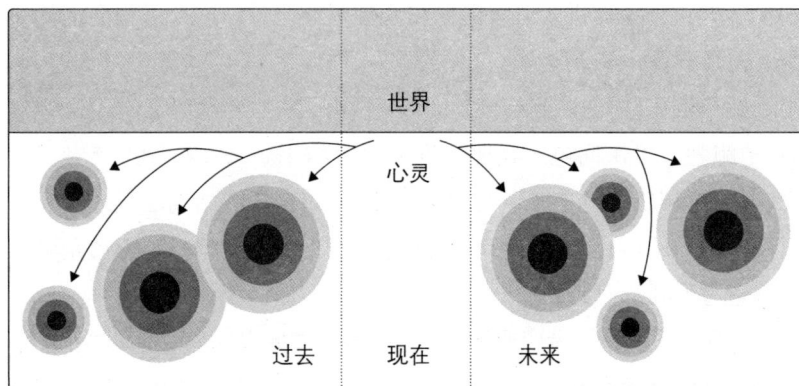

心灵中的多重注意力黑洞。

持续存在的伤痛、悔恨、恐惧和亟待解决的问题使你耗费于默认模式的时间越来越多。全世界几十亿人都处在这种状态。而在我看来，不应该有人生活在这种模式中。

· · ·

心灵：你学到了什么

阅读下面的要点，思考每一个要点，如果充分理解并认同，请勾选。

☐ 注意力可以放在外部世界，或者内部心灵，或者二者兼具。

☐ 注意力取决于动机。

☐ 威胁是首要驱动力。喜悦和新奇也有驱动作用，但是比威胁
 要弱。

☐ 现代社会的大多数威胁来自心理斗争。

☐ 大多数情况下，外部世界并不会给我们带来各种威胁或者额外
 的喜悦。

☐ 我们的心理斗争即为注意力黑洞。

☐ 注意力黑洞可以毫不费力地将人的注意力引导至内心。

☐ 在内心里，注意力纠结于过去和未来的缺憾，以及所有亟待解
 决的问题。

☐ 我们的生活开始大部分时间处于心灵漫游之中。

☐ 如果被伤痛、悔恨、恐惧和亟待解决的问题所包围，我们会忽
 略幸福，过着漫无目的空虚的生活。

在上一章末尾，我曾经埋怨心灵迫使我们进入默认模式，我在这里
进行一下修正：心灵只会完成分配给它的工作，这份工作即保护我们自
己。我们的许多压力和那些帮助我们生存并进化为优势物种的本能有
关。在我们大脑和心灵本能的运作方式下，压力变得根深蒂固。

你可能会问，为什么我们中的某些人比其他人更容易感到有压力、
抑郁或者焦虑？也许我们的大脑具有天生的生物学倾向，也许我们在童
年或成年时期没有被善意对待，我们没有能力消除心中的负能量。

从中我学到的是：善待每一个承受压力的人——包括你自己。

· · ·

目前为止我们还未曾就压力或者韧性生活进行一场深入的讨论。我们先从几个关于幸福的思考开始，然后再讨论压力。

幸 福

观察你周围的人，谁是这个世界上真正幸福的人？答案是小孩子。每个孩子都天赋异禀，拥有在平凡中寻找快乐的神奇能力。我认识的最快乐的人是我三岁的女儿西娅，一颗爱心糖果就足以使她兴奋半天。是什么使得孩子们天性快乐？下面有四点，勾选你认同的选项。

- ☐ 小事情就能使孩子们快乐。
- ☐ 他们不必面对生活的挑战。
- ☐ 他们积极地寻找新奇和快乐。
- ☐ 他们不会试图改造他人。

许多年以前，我也有以上所有的天赋。但是后来生活发生了变化，我的心灵开始忙于各种亟待解决的问题。我并未意识到这些变化是发生在头脑之外，而非头脑之中的。我的日常生活被吹毛求疵和避免恐惧填满，而不是充满激情。随着岁月的流逝，我开始忽略幸福。

幸福是一种体验积极情感的状态，取决于两个关键因素：安全感和价值感。当你在生理或者心理上感觉不安时，或者自我价值感较低时，任何物质的满足都无法为你提供持续的幸福感。当你拥有安全感和价值感时，身心愉悦的体验、创造性的工作、有意义的追求和利他的想法及行动皆可增强你的幸福感。

研究显示，高达50%的幸福感来自于我们下意识的选择，随着时间的流逝，这些选择会变成长久的习惯。另外，大多数的物质满足只能带来短暂的幸福感，因为我们倾向于快速忽略美好的事物并重新设置期望。记得你最近一次晋升吗？晋升的喜悦持续了多长时间呢？多数人的回答是最多几天。现在假设升职没有成功，被淘汰的沮丧感会持续多久？会持续很长时间，对吗？我们忽略美好事物而夸大糟糕事物的倾向，会将幸福拒之门外。我们应该向生活中真正快乐的人——孩子和老人——学习。

生活中最幸福的人是孩子和老人。孩子的幸福源自被爱的感觉，他们沉浸在身心愉悦的体验中，而不会把时间浪费在消极反刍上。而老人——尤其是有阅历、有智慧的老人——拥有更成熟的视角、更低的期望值、寻找更积极的意义、抛开私心、注重品味生活而非庸人自扰。学习孩子的天真和老人的睿智，我们才能将幸福的习惯内化于心。

幸福是一种习惯。有些人天生就有这种习惯，另一些人则需要选择。不幸的是，许多人并未意识到自己需要做选择，又或者他们的确意识到了，但是不知道如何选择。实际上，幸福很多时候取决于你和你自己的选择。生命中的某些情境，比如爱人离去、健康危机或者财产损失，都可能让你不幸福。但更多的情况下，你是可以选择的。如果你因为餐桌上洒出来的牛奶、漏水的水龙头或寡淡的咖啡而情绪失控，那你就无法成为幸福的宠儿。

对生命的挑战有健康的视角，是通往幸福大门的坚实的第一步。

我来问你：下面哪一个选项是你目前的生活里面临的挑战？可以多选。

☐ 亲密关系。
☐ 健康。
☐ 经济。
☐ 工作。
☐ 其他 _____
☐ 其他 _____

你认为未来五年，你面临的挑战会增加还是减少，会消失还是不变？在下一页的表中选择你的答案。

选项	增加	减少	消失	不变
亲密关系	☐	☐	☐	☐
健康	☐	☐	☐	☐
经济	☐	☐	☐	☐
工作	☐	☐	☐	☐
其他	☐	☐	☐	☐
其他	☐	☐	☐	☐

你的选择里是否有"消失"？大多数情况下，压力源会增加、减少或者不变，明白这一点是幸福感优先的第一步。

不要延迟幸福的到来，不要企图等待有一天生活变得完美，所有压力源都消失。如果你因为太忙或者有压力而等待，你或许要等一辈子。你可以过上最美好的生活，机会就在当下。如果错过这个机会，或许你还有可能重获机会，但也许是十年以后了。在这个过程中，你丢失了宝贵的时间。

你可以有很多借口。我自己从未遇到这么一天：我的船安全地泊在港口，海水深蓝，微风轻拂，阳光明媚，万里无云。等待将是很漫长的。因此，我必须承认这个事实，当下即找到满足感，接受所有的缺憾。今天我就要唤醒自己内心的小孩和睿智老人。

下一个重要的问题是，什么阻碍了通往幸福的路？

压 力

感觉压力太大时，你就会推开幸福。压力源自你与现实的对抗。当你未得到想要的或者不想要已拥有的，压力就产生了。如果你喜欢所拥有的并且热爱属于你的，你就能做到使压力最小化。

压力源和压力

了解压力源和压力二者之间的区别很有用。压力源是开关（事件、人等），压力是你如何看待这些压力源可能或者已经引起的麻烦。这种感知有以下几个方面：威胁有多严重；你如何应对它；你的反应能够消除威胁，以及一切对你来说意味着什么。通常，你无法消除压力源，但是通过改变对它们的看法，你的压力能够减小。

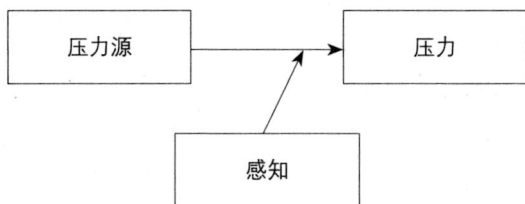

```
┌─────────┐         ┌─────────┐
│  压力源  │────────▶│  压力   │
└─────────┘     ↗    └─────────┘
         ┌─────────┐
         │  感知   │
         └─────────┘
```

我们来看看例子中感知的作用。在下面的表单中，记录下所有能使你快乐的事情。先不要在框中勾选。

1. _____ ☐

2. _____ ☐

3. _____ ☐

4. _____ ☐

5. _____ ☐

6. _____ ☐

7. _____ ☐

8. _____ ☐

现在返回去确认哪些是或者曾经是压力源。

你是否意识到压力和快乐其实是同源的?

欢迎来到这个世界,它有两个名字:欢乐谷和压力谷。压力和机会是密不可分的,表面的压力暗藏机遇。你面临的挑战也是你施展的舞台,是你生命的脉搏。你无法抹去任何一方。

既然你已经意识到压力源永远存在,那么我们来寻找一种更健康的方式面对它们。首先,将压力源分成三类:个人的、工作相关的和其他的。我们先评估一下,为什么有些压力源也是幸福的源泉,而其他的是沉重的负担。

在下面的表格中列出你的压力源。

个人压力源 （亲属、家庭、人际关系、健康）	
工作相关压力源	
其他压力源	

为什么有些压力源充满压力感

压力源与相关压力表现为三种类型：有益的、有害的和糟糕的。

有益的	我们欢迎这种压力	养育孩子、假期、晋升、聚会、结婚
有害的	我们感觉被压力淹没	超量工作负荷，经济损失，家人生病，与配偶吵架，孩子间争吵
糟糕的	我们不惜一切代价想要避免的伤害性或者灾难性事件	诊断出终末期癌症，意外离婚，配偶出轨，失去爱人

我们的目标是：留住有益的压力；将有害的压力转换成有益的；对糟糕的压力有所准备，但希望永远也用不上。下面三种情况会将有益的压力变成有害的或者糟糕的压力：

1. 供需失衡。
2. 失去控制。
3. 失去意义。

供需失衡

当对你提出的要求超过你的能力范围，你就会感到压力。你是否曾经因为要在很短的时间内处理很多事情感到精疲力竭？这种状况发生的频率、地点和时间是怎样的？

频率		地点	
每天	☐	单位	☐
每周几次	☐	家里	☐
每月几次	☐	其他地方	☐
很少	☐		
		时间	
		工作日	☐
		周末	☐

注意一下你感觉供需失衡的时间和地点。在下面的表格里，写下与供需失衡相关的压力源，并且寻找克服的办法。比如说，你能否委托给别人、提高效率或者干脆跳过？

压力源 *	供需失衡的克服办法

*与供需失衡相关的压力源也可能是由于失去控制或者失去意义产生的。

失去控制

控制意味着力量，它可以带来选择的自由。失去控制会导致恐惧，你会一直担心下一只鞋子什么时候落地，力道会有多重。当一切尽在掌握之中时，你会感到自在、乐观并且乐于帮助他人。

你是否曾觉得自己像个受气包？你的愿望或喜好是否曾经被故意忽略？这些发生的频率、地点和时间如何？

频率		**地点**	
每天	☐	单位	☐
每周几次	☐	家里	☐
每月几次	☐	其他地方	☐
很少	☐		
		时间	
		工作日	☐
		周末	☐

注意一下你感觉失去控制的时间和地点。在下面的表格里，写下与失去控制相关的压力源并思考一下如何克服。比如说，你能找出你的经历中，那些在你掌控之中的事情吗？比如，少和不尊重你的人打交道，坚持自己的主张，或者接受自己无法改变的事情。

压力源 *	失去控制的克服办法

*与失去控制相关的压力源也可能是由于供需失衡或者失去意义产生的。

失去意义

我们是一个追求意义的物种。你之所以做你所做的，就是因为你发现这件事有意义。能够在逆境中找到意义并保持积极，是有韧性的标志。

每年有大约1.3亿婴儿降生。尽管要忍受无眠的夜晚、疲劳和痛苦，但是大多数妈妈并不会将生孩子视作苦难。而肾结石引发的疼痛，只能带来痛苦，就是因为它缺少积极意义。

在工作中你是否曾感觉失去意义？你是否经历过找不到任何意义的逆境？它们发生的频率、时间和地点如何？请在下一页的表格中记录下来。

频率		地点	
每天	☐	单位	☐
每周几次	☐	家里	☐
每月几次	☐	其他地方	☐
很少	☐		
		时间	
		工作日	☐
		周末	☐

☞ **精神食粮：** 当压力源超过你的应对能力、不在你的掌控之中，
或者没有积极的意义时，就会产生压力 ☜

　　注意一下你感觉失去意义的时间和地点。在下面的表格里，写下与失去意义相关的压力源，思考一下如何克服。比如说，你是否可以从接受你帮助的人的视角，看一下你所承担的责任？是否能够认识到大多数令你恐惧的想法不会成真，从而减少负面意义？可否回顾一下逆境是如何帮助你的，并从中找到积极意义？是否能够从逆境阻止了更坏事情发生的角度找到积极意义？

压力源 *	失去意义的克服办法

*与失去意义相关的压力源也可能是由于供需失衡或者失去控制产生的。

现在、过去或可能发生的事情往往不能逆转，但你可以少些挣扎。这里有一张合理处理压力的逻辑图。

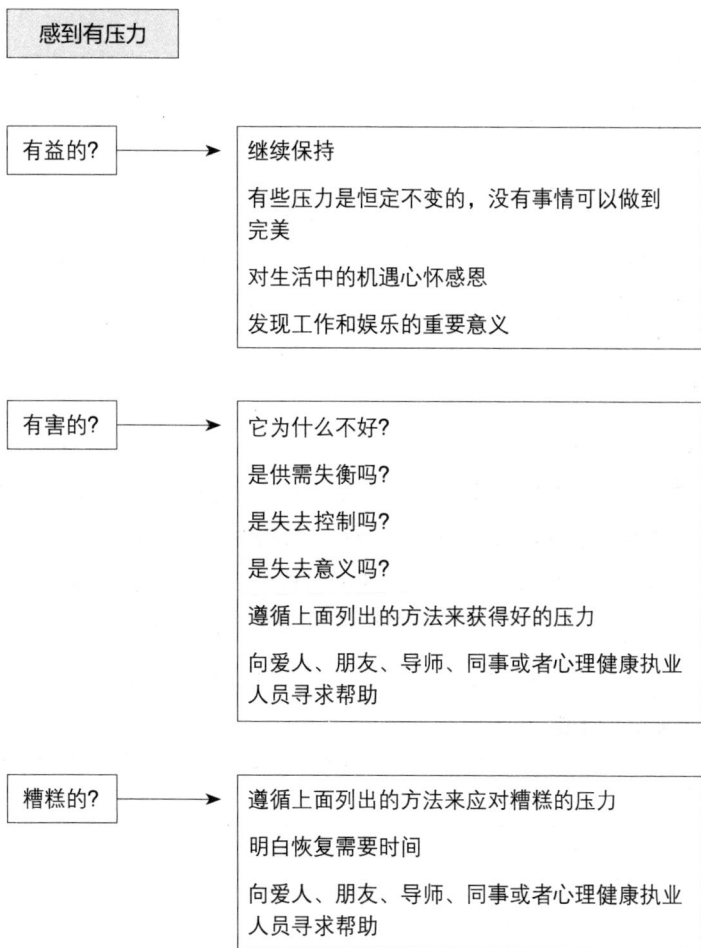

感到有压力

有益的? → 继续保持

有些压力是恒定不变的，没有事情可以做到完美

对生活中的机遇心怀感恩

发现工作和娱乐的重要意义

有害的? → 它为什么不好？

是供需失衡吗？

是失去控制吗？

是失去意义吗？

遵循上面列出的方法来获得好的压力

向爱人、朋友、导师、同事或者心理健康执业人员寻求帮助

糟糕的? → 遵循上面列出的方法来应对糟糕的压力

明白恢复需要时间

向爱人、朋友、导师、同事或者心理健康执业人员寻求帮助

在结束关于压力的讨论之前，我想再提供一个新的视角。

你如何看待压力源

你会如何描述你的压力源？勾选出所有的符合项。

☐ 惩罚。
☐ 失败。
☐ 损失。
☐ 敌人。
☐ 挑战。
☐ 价值。
☐ 机遇。
☐ 成长。

当你把压力源看作惩罚、失败或者损失，甚至敌人时，你就给自己增加了痛苦。这样的压力源成为消极记忆的根源，让你远离精彩人生。若将压力源视作挑战、价值、机遇或者成长，你就将其变成了生活中的优势。比如，爬完10级台阶气喘吁吁，这表明你需要更多的体能锻炼。同样，感觉到压力也是一种信号，告诉你需要更加有韧性，或者需要让生活更加平衡。

现实中，大多数压力源是能够促使你成长的。回想一下你经历过的挑战，其中是否有好的结果？下面哪些是挑战的结果？

☐ 帮我更好地与亲戚朋友沟通。
☐ 给我学习的机会。
☐ 帮我形成更广阔的人生观。
☐ 有助于明确我的信仰或精神依托。

□ 让我感激我的幸运。

□ 使我更加感恩已经拥有的。

□ 考验我的韧性并最终使我更加坚强。

□ 其他 _____

□ 其他 _____

你可以选择将绝大多数压力看作成长的源泉。你的生命就是一幅色彩斑斓的镶嵌图画，所有的颜色都有。绝对的完美是一种错觉，任何事情都是好与坏的结合体。今天觉得有害的可能明天变成有益的，反之亦然，要看这些颜色如何搭配。

尽你所能地尝试拥抱他人的不完美，这是他们转变的第一步，也是最重要的一步，你也一样。

生活里的许多（但并非所有）事情，就像菜单上的美味菜品，不要从别人的餐桌上发现你的需求。基于你的喜好，食欲和口味，填充你自己的餐桌。确保你点了足够多的爱与平静，不仅是作为餐后甜点，同时也是主食的一部分。

你可能无法控制压力源，但是如何看待它们完全取决于你自己。你对压力的认识决定了你应对它的方式。

✄ **精神食粮**：将有害压力源变成有益压力源有三种工具：

确保需求与资源间的平衡，培养掌控感，以及发现工作和娱乐的意义。

遵循这些步骤会使你更幸福并且充满韧性。 ✄

韧 性

从你认识的人里找出三个或更多的人，这些人不会被任何逆境打倒，无论怎样，他们都能从生活的磨难中恢复过来。也许你的祖母或曾祖母是家庭的主心骨，也许你的父亲坚韧刚毅能够承受任何风雨。你一定有许多仰慕的人，思考一下是什么给了这些人力量。

然后，在下面表格的左列写下你找出的人的名字，右列写出你认为的他们的力量源泉。

人物	力量源泉

你所列出的人都是有韧性的。韧性就是预防逆境出现、在逆境中挺立和回弹的能力，它让人弯而不折。研究显示，韧性与接受挑战有关，它让我们具有掌控感并找到所做事情的意义，而不是不堪重负。韧性有四个维度：身体的、认知的、情绪的和精神的。

> ⌇ **精神食粮：韧性有四个维度。**
>
> **身体韧性是保持最佳健康状态。**
>
> **认知韧性是于压力中保持专注。**
>
> **情绪韧性是面对生活的挑战依然能够做到认清现实、灵活而平衡，**
>
> **并且能够很好地控制情绪。**
>
> **精神韧性是在更高意义和无私境界里找到精神支柱。** ⌇

身体韧性　即强壮、健康，能够快速从疾病和伤痛中恢复。积极的生活方式，健康的饮食，充足的睡眠，相互滋养的亲密关系，极佳的自我照顾，及时的医疗和预防护理，以及优质的压力处理都有益于身体韧性。

认知韧性　是在压力中保持专注的能力。压力过大时，专注力、洞察力和决策力都会受到影响。我们举个简单的例子：周一的早晨，你的车钥匙找不到了。那时已经是上午7点30分，而你要在8点到达单位。找了10分钟，你依然没找到车钥匙。在这种状况下，你的状态如何？是否感到疲倦，非常希望有人来帮你？时间压力降低了你的注意力质量。你的钥匙可能就在眼前，但是你看不到。（听说这叫作心理盲点！）

认知韧性能预防专注力的丢失。它有时甚至可以救命，例如《萨利机长》原型切斯利·萨伦伯格，在美国航空1549航班受到加拿大黑雁撞击出现故障后，成功迫降于哈得孙河面。

注意力训练可以加强认知韧性——我们将在第三章谈到。

情绪韧性 指体验积极情绪和快速从消极情绪中恢复的能力。海伦·凯勒年仅2岁时便丧失了视力和听力，但她后来写了12本书，成为20世纪最有影响力的人物之一。她没有放弃生活，亦未曾在黑暗中自怨自艾。她逆流而上，试图挑战自己的极限——这正是情绪韧性的定义——努力迎接挑战而非撤退。

精神韧性 即使面临逆境与失望，依然坚持更高意义和无私境界的能力。27年的监狱生涯之后，纳尔逊·曼德拉仍旧满怀宽容与关怀之心，而非陷入仇恨与暴力；圣雄甘地数次冒着生命危险坚持非暴力不合作运动。他们都是精神韧性的实例。如果生活之路为你设置了障碍，精神韧性会帮你恢复信心，让你重新出发。

记录下所有你认为有韧性的人物，并选出你认为他在哪个方面有韧性。

人物	身体层面	认知层面	情感层面	精神层面
	☐	☐	☐	☐
	☐	☐	☐	☐
	☐	☐	☐	☐
	☐	☐	☐	☐
	☐	☐	☐	☐
	☐	☐	☐	☐
	☐	☐	☐	☐

从这些人的励志事迹和我们所讨论的观点中，你是否可以找到增强韧性的方法？在下面表格写下你的想法。

我可以增强我的：
身体韧性，通过……
认知韧性，通过……
情绪韧性，通过……
精神韧性，通过……

这个项目中通往韧性和幸福的路分两步：

1. 自我发现。
2. 自我转化。

自我发现涉及发现压力源，理解人类压力、韧性和幸福的概念，以及了解大脑和心灵的运作方式。我们对于这些主题已经有所了解。后面我们要开始下一步：通过发展意识层面强大的注意力和情绪（及精神）韧性，使人们变得更幸福、更有韧性。专注力会降低脑海里的杂念，给你更强大的力量去选择自己的思想、语言和行动。情绪韧性将会使你的思想和感觉以不变的原则（感恩、关怀、接纳、意义和宽容）保持一致，这些原则对你的成功至关重要，也是长久幸福的关键。

现在让我们开始行动，学习这些技能。

第三章

————

采取行动：

分 4 步，历时 10 周

TAKE THE PLUNGE:

INTRODUCING THE 4-STEP, 10-WEEK PROGRAM

该项目历时10周，分为四个简单步骤，目的在于提供一个系统、科学、实用的途径，将其原则融入你的生活。这些步骤遵循一个有逻辑的、考虑周全的训练过程，该过程在众多的研究中被反复测试并验证有效。

第一步：训练注意力

注意力是通往心灵的大门，经过训练的注意力能够让你更好地规划所思所感。对大多数人来说，这种注意力并非天生而需要培养。你认为自己的注意力有多强？

□	□	□	□	□
1	2	3	4	5
弱	尚可	强	非常强	极尽完美

如果你认为自己拥有完美的注意力，试着回答下面的问题：

我是否有时会忘记车停在哪里？

回家后我是否会进行与工作相关的反刍？

和家人在一起时，我是否有查邮件的冲动？

我是否草草吃完晚餐却未曾细细品味？

我是否曾对某人做出快速判断，之后又后悔？

我是否在祈祷或者冥想时走神？

我是否曾努力回想别人的名字却怎么也想不起来？

如果上面的问题中有一个肯定答案，训练注意力或许对你有所帮助。注意力训练提供了具备实用性和时效性的方法，让你的世界中闪现多种真切、专注的时刻。经过训练注意力，可以把你从想象拉回现实。这些特别的训练是经过精心设计的，不但有效，而且充满乐趣。我将这些训练比喻成向牛奶里撒巧克力粉。几周以后，你就会期待每次练习。它并不会占用你额外的时间，相反，由于减少了无效思考的时间，它可能还会每天替你节省几小时。

第二步：培养情绪韧性

我们的心灵是一间储藏室，里面包含了快速判断、本能符合安全与生存目的的反射行为。有时候这些快速的回应是有帮助的。但更普遍的情况是，它们使我们变得盲目。你是否曾经对某件事过度反应，之后却发现只不过是无关紧要的琐事？如果是，那么你在自我意识和自我控制以及照顾他人感受方面还有成长空间。所有这些技能都可以通过增强情绪韧性得到提高。

情绪韧性好的人多数情况下能够保持积极情绪，逆境中能够维持情绪稳定，面对逆境能够相对快速地重建积极情绪。他们保持务实、灵活且平和的性情。通常，他们面对挑战能够迎难而上，而不是畏缩不前。他们觉得生活充满意义，具有掌控感，当然，如果需要放手的话，那么放手也没关系。

情绪韧性能够使你抛开固有的偏见，它有五个核心原则：感恩、关怀、接纳、意义和宽容。感恩让你意识到自己如此幸运，即使身处困境；关怀帮你识别并治愈他人的痛苦和苦难；接纳能让你创造性地工作，并愿意接受一切可能性；意义能够激励你努力让世界变得更美好并乐在其中；宽容能够让你接受所有人生命中的不完美，赋予你放下伤痛、放飞自我的力量。

通过有意识地练习，每一条原则都可以滋养心灵，使其不再囿于消极情绪。这时，心灵将摆脱恐惧和不切实际的欲望。一颗自由的心灵能够培育生命中最重要的东西——亲密关系。

第三步：开始身心修炼

随着旅程的推进，你将不再满足浮于表面的生活，希望更深入地了解和体验生活。那么，对于你的心灵成长来说，一场与信仰共鸣且非常实用的身心修炼必不可少。

这场特殊的修炼结合了注意力和情绪韧性训练，同时包含了反映你世界观的各种元素。冥想和祈祷是两种最著名的身心修炼方法。然而，无论你选择何种练习，目标是一样的——变成一个更平和、更幸福、更强大，也更仁慈的人。

第四步：养成健康的习惯

我们的大多数日常活动都源自习惯。你早晨起来刷牙、洗澡、喝咖啡，开车上班，看电视时吃爆米花——所有这些习惯几乎都不需要意志努力。当你有意识地反复重复一个动作直到大脑"程序化"，习惯就形成了。健康习惯有益身心，不良习惯损害健康。现在就是改掉你不良习惯的好机会，你可能一直想改变（通过减肥、锻炼、戒烟、戒酒）却从未成功，现在就是个好机会。

但为什么即使知道什么是正确的选择，我们依然难以抗拒高脂高糖的甜甜圈呢？原因很简单，抵御本能的冲动（也就是"自我控制"）需要付出努力。努力会消耗能量，而能量来自活力池（或者叫意志力）。当存在慢性压力时，活力池会泄漏，造成能量丢失。我真诚地希望，通过这个韧性生活计划，你能够增强自己的活力，进而提高自己养成健康习惯的能力。我曾无数次从我们的课程参与者身上观察到这种改变。在我们一起完成书中的旅程之前，我邀请你在生活中做一项积极的改变，这样这个项目才能促进身心健康。

　　现在，让我们开启这项为期10周的韧性生活计划的第一步：训练注意力。

第一步：训练注意力

第1~2周：愉悦注意和善意注意

生活就是一系列的体验。请看下图中的钢笔，做个简单的体验分析。

你肯定见过无数支这种钢笔。关于它，你的大脑和心灵会经历两个简单的步骤：注意和解释。

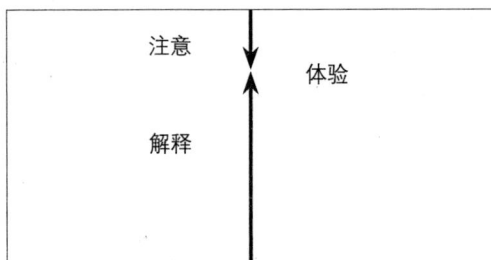

注意遇到解释即产生体验。

注意将钢笔的相关信息输入大脑，因为拥有关于钢笔的记忆，大脑会进行快速解释。当注意和解释相遇，体验就产生了：你认出那是一支钢笔。

一旦你断定那就是一支普通的钢笔，你的注意力就找不到继续观察它的理由，就会转移到下一件事物。这种转移是必要的，也是有益和有效的。唯一的问题是，你的注意力转移得太快了。

随着年龄的增长，我们在大脑中存储了无数阻碍我们深度注意的记忆与认知。一旦关于观察对象的解释加载完成，我们会自认为洞察了一切，并过早地停止观察这个世界。大脑会说，我为什么要去观察一支平淡无奇的钢笔呢？我们眼里的这只笔，已经不是一支笔了，它仅是大脑中关于钢笔认知的一个符号。这种状态下的我们，对生活中的所有人和事物的观察仅是浮光掠影。我们错过了生命中最重要、最愉悦的方方面面——那些我们钟爱的一切。我们忘记了快乐来白细节、特别和具体——而不是偏颇的概括。生命中最快乐的瞬间和最持久的记忆都需要沉浸式的体验。

怎样才能获得沉浸式的体验？需要深度注意和延迟解释。注意力训练即是开发深层次的注意。

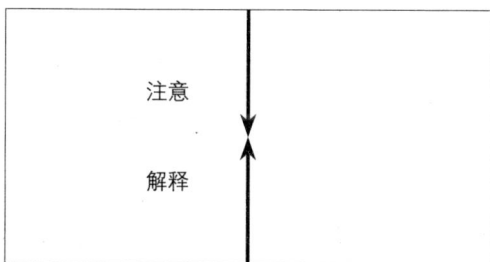

注意和解释同时存在于大脑中。请注意，现在图示注意箭头比之前图示里的要长。

🌾 **精神食粮：** 深度注意和延迟解释会产生沉浸式体验和持久的记忆。🌾

你可能会问：大多数情况下日子平凡无奇，我既没有逃离猛犸象的经历，也没有和我的偶像约会的机会，怎么才能专注于这个无聊的世界呢？

我知道你为什么会这么问。一旦熟悉了这个世界，包括周围的人，你便不再关注他们。因为你意识到这个世界不会因你而改变，既没有威胁，也没有更多的乐趣值得你多加注意。但是，通过培养深度注意的训练，你将不必依赖威胁和乐趣才能聚焦你的注意力。一切都可以被新奇引导。孩提时代的你善于发现新奇事物，但随着年龄的增长，这种能力逐渐消退。注意力训练会唤醒你身体里的孩子，引导你发现这个世界的新奇与梦幻，进入琳琅满目的游乐园。

> ✍ **精神食粮：** 注意力训练会唤醒你身体里的孩子，
>
> 引导你发现世界的新奇与梦幻，
>
> 进入琳琅满目的游乐园。✍

现在，基于你所学到的，请回答问题：你如何描述经过训练的注意力？在下面表中勾选你的答案。

☐ 主要指向外界	或者	☐ 指向内在心灵
☐ 关注威胁	或者	☐ 关注新奇
☐ 快速判断	或者	☐ 延迟判断

我敢说你得到正确答案了。

◎ 主要指向外界。

◎ 关注新奇。

◎ 延迟判断。

下一步，我们将利用深度注意的三个特性来训练注意力。训练注意力的主要方法有两种。

1. **愉悦注意**。延迟判断，将注意力放在新颖性上。
2. **善意注意**。包括关怀与接纳。

第1周：愉悦注意力

愉悦注意力有以下特点

◎ 聚焦的。
◎ 放松的。
◎ 满怀关心的。
◎ 无偏见的。
◎ 持续的。
◎ 有深度的。
◎ 有意识的。

愉悦注意力可以使大脑进入专注模式，并能细心地引导心灵发现更新奇的事物。

在这一章，我会分享愉悦注意力的三个核心技能，为附加练习提供建议，并将其整合成系统性的项目。我们的目标是培养一个习惯，让有愉悦注意力的时刻装点我们一整天的生活。

核心愉悦注意力技巧：三项练习
练习1：带着感恩之心醒来并享受当下
早晨醒来后，你的大脑多久开始神游？

☐ 少于5秒。
☐ 几分钟。

☐ 超过15分钟。

☐ 没有发生过。

最普遍的答案是"少于5秒"。大多数人醒来后只有几秒处于专注模式，很快注意力就转移了。我就"早晨醒来的第一个想法"这个问题问过上千人，下面是最常见的两个答案。

1. 我今天应该做些什么？
2. 我今天需要担心些什么？

我将这些想法叫作"焦虑—担忧二重奏"。这种状态下，我们醒来时的感觉是不安的。

接着，许多人会再做一件扰乱心情的事——查看电子邮件。邮件中的信息只会带来更多亟待解决的问题，让大脑高速运转，而我们本应尽情享受的崭新的清晨毁于一旦。

几年前我便意识到，无论我的生活过得怎么样，如果没有经过自我训练，我醒来时总会思考在我的生活中还没有解决的事情。它就像每天准时响起的闹钟。我下定决心要养成一个习惯，促使自己醒来后只思考有意义的事，而不是那些需要留待后续解决的问题。我试过很多方法，终于找到了一种能让我在清晨长时间聚焦于专注模式的方法。

下面是我早晨醒来的第一个想法，它或许也能帮到你。

☺ 当我醒来的那一刻，感知到自己和周围世界的存在，我便专注于感恩。从几个深呼吸开始，我默念五个生命中值得我感激的人的名字。当我缓慢地深吸气时，我眼前浮现出第一个人的脸，我试图在他所处的世界中看清楚这个人。然后，缓慢地呼气，我将自己无言的感激送给这个人。我在这五个人中重复这项练习。为了避免练习进行得太仓促，我会尽情享受回忆每个人的这几秒。

带着感恩的心醒来，能够帮我意识到什么是生活中最重要的事情，它给我的每一天带来意义。我醒来时是一个充满爱意的丈夫、父亲、儿子、兄弟、朋友、同事或者邻居，而不是一个逃避或追逐最后期限的人，也不是一个被生活中的挑战（无论是真实还是想象的）压垮的人。我醒来时能感觉到被爱，而非不安。

我还有其他几条建议，能帮你在清晨时处于专注模式。请根据你的经历完成具体的体验，示例如下。

☺ 完成感恩练习后，将注意力放在身体上，感觉身体僵硬时，伸个大大的懒腰。如果你和爱人同睡，那么用慈爱、温柔的眼神看着他/她，如果他/她已经起床，就看着他/她睡过的地方。

起床时，脚落在地板上，感受一下地板的质感。摩擦一下地板，就好像你很久都没有感受到它了。走向浴室时，继续感受脚下的地板，重新和房间产生连接。

浴室里，留心一下混合的芳香。怀着善意和接纳看看镜中的自己。至少关注一件装饰了你水槽底座的物品：或许是一个月你都未曾发现的丝绸工厂（蛛网），或许是一个有着可爱设计的洗手液瓶，都值得你仔细观察。刷牙的时候，感受下牙膏的香味。

沐浴时，感受热水冲击皮肤的力量。如果感到舒适，哼哼一下你最喜欢的曲调。拿起香皂，闻闻那浓郁的芳香。让世界停止几秒，感觉到水落在你的头顶，顺着你的身体滑下。感受这水流带来的温柔和优雅，脑海中浮现水流发源的那条河流或小溪。擦干身体时，感受毛巾干爽的表面滑过皮肤。

练习的过程中不用追求完美。刷牙或者沐浴时思虑是一件很平常的事，有时甚至是创造性的。如果你仅仅将早晨醒来的感恩练习作为改变的开始，也是很不错的。

我觉得这项练习实用且有帮助，原因很多。阅读下面列出的原因，如果你同意就勾选"是"。

---

1. **这项练习让我每一天从积极的氛围开始**
   你是否希望每一天都从积极的氛围开始？
   □是　　　　□否

---

2. **感恩使我与最在乎的人紧密相连**
   你是否愿意在清晨第一时间与最在乎的人紧密相连？
   □是　　　　□否

---

3. **当想起关心我的人，我感到欢欣鼓舞**
   你是否愿意清晨第一时间感到欢欣鼓舞？
   □是　　　　□否

---

4. **这项练习训练了我的注意力，我能够选择我所关注的**
   你是否愿意训练注意力，以便能够选择自己所关注的？
   □是　　　　□否

---

5. **究竟什么才是生命中最重要的事情，感恩能够为我们提供新的视角**
   你是否愿意思考什么是生活中最重要的事情？
   □是　　　　□否

---

6. **我会避免将过多的注意力放在黑洞和亟待解决的问题上**
   清晨醒来，你是否愿意避免将过多的注意力放在黑洞或者亟待解决的问题上？
   □是　　　　□否

---

7. **这项练习仅花费我很少的时间**
   你是否想要在最短的时间内得到上面所有的益处？
   □是　　　　□否

你还能想出这项练习的其他好处吗？写下来。

```
┌─────────────────────────────────────────────────────────────┐
│                                                               │
│                                                               │
│                                                               │
│                                                               │
│                                                               │
│                                                               │
└─────────────────────────────────────────────────────────────┘
```

注意：如果你愿意，也可以针对生活给你的其他馈赠进行练习，比如健康、新鲜的空气、家、食物、水或者安全的社区，对象不限于人。就个人而言，我觉得人是最能吸引我注意的。

你有什么好的理由不做这项练习或者类似的练习吗？依据你的判断，试着列出理由。

不做这项练习的理由	反驳观点

常见的问题是遗忘。多数人的确想要练习感恩，只是想不起来做。如果你也如此，这里有项建议。

☺ 将你生活中最重要的人的照片拼贴起来，挂在卧室的墙上，这样你早晨醒来便可以看见。它可以提醒你新的一天从感恩开始。如果拼贴照片太耗费精力，那就将"感恩"这个词写在两张便利贴上，一张贴在卧室的墙上，另一张贴在浴室的镜子上。如果你在浴室看到便利贴时还没有练习感恩，那么回到卧室重新开始。

设置提醒可以帮助你养成一个新习惯。经过几年的练习，比起茶或者咖啡，我更迷恋晨起感恩练习。我邀请你也加入对感恩练习的行列。

练习2：亲近大自然（每天一次或根据需要）

在你家或单位附近，你是否有机会亲近大自然?

是 □　　　否 □

你最近一次完完全全沉浸于大自然中是什么时候? 或者再具体些，你完完全全沉浸于大自然之中的频率是多少?

□ 每天。
□ 每周几次。
□ 每月几次。
□ 很少。

我遇到的大多数人都能接触到大自然，却无法享受其中，我对没有尽到这项职责（让更多的人享受自然）而感到惭愧！

在给出建议前，我分享以下几项研究成果。

◎ 比起在商场里，在自然环境下散步能够增强自尊，改善抑郁症状。

◎ 家人在花园里团聚时压力最小。

◎ 床位的窗外可以看见绿树的胆囊术后患者，比窗外只能看到砖墙的患者住院时间更短，需要的止痛治疗更少。

◎ 烧伤患者换药时，观看自然风景的同时配以音乐，疼痛感和焦虑感减轻。

◎ 晒太阳能够缓解压力。

◎ 心脏病患者常与大自然接触能够缩短住院时间，提高生存率。

这些结果部分原因来自一项有用的本能：当处在没有威胁的自然环境中时，我们会感到放松与愉悦。科学家称之为正性补偿。这项本能有利于我们探索、参与和互动。徒步登山使你兴奋，一定程度上就是因为正性补偿。既然好处如此之多，为什么不每周花些时间，在院子里欣赏一下绿树，看看松鼠和兔子呢？让我们每天花几分钟时间亲近自然，并开始这项练习吧。

☺ 看看绿草、蓝天，还有不断变化的云朵。仔细观察植物的颜色、种类，草地上弯弯曲曲的足迹。花草树木像无私的圣人无言矗立，它们是和平的象征；它们净化空气，保持水土，赠予我们美丽的鲜花与水果，却不求回报。它们美化了环境，我们应该向它们表达无声的感激。

译者注：正性补偿是一种心理学现象，指人们对中性刺激会做出稍微偏正性的评价。

我们来看看树的外形——树干的高度、分枝的类型和树皮上的苔藓。欣赏一下绿叶的外形，以及叶子上的脉络走向。看看成簇的花朵和树枝上寻找庇护的松鼠及鸟儿们。注意观察每朵花，花瓣的颜色、形状和大小，注意花瓣之间的关系，欣赏花朵周围叶子的锯齿（或者光滑）边缘。

大自然不知疲倦地满足你的各项需要，不会向你推销商品，不求回报，并且从来不会从穿着打扮上对你进行评判。在大自然的怀抱中，你可以做你自己，哪怕那是糟糕的一天。

比起屏幕出现前的时代，现在我们拥抱大自然的时间太少了。随着城市的发展，"屏幕时间"占据了我们一天中三分之一的时间，大自然已被我们抛于脑后。我建议你每天至少安排10~15分钟亲近大自然。

大自然包括生活、生命系统或生命支持系统里的一切——花草、树木、动物、海洋、河流、湖泊、山峰、河谷、云朵、天空，哪怕是人行道旁破土而出的一棵小草。每一件事物都会提供三维的多感官体验。当气温在-30℃的时候，你可以在室内将你对自然的想象融入艺术品或者音乐。

记住这一条：身处大自然时，不要想着做计划或解决问题，全身心地投入大自然的怀抱。有一种方法就是找一朵花、一棵树、一片叶子，甚至是一棵草进行全面观察。我在《无压生活心理学》第5章里介绍了相关的练习。

在你进一步阅读之前，在日历上做个标记，今天晚些时候或者明天，你要与大自然独处一段时间，或者更棒的是，与自己关心的人一起展开这场旅行。

练习3：全心全意与爱人和朋友相处

先看一看某个工作日结束后，两个形成鲜明对比的场景。

　　故事1：妈妈下午5点30分下班回家，整理日用杂货和成堆的信件。妈妈和12岁的儿子打招呼，但他压根儿没注意到，而是沉浸在同马耳他好友的网络游戏中，尽管他们从未见面，也从未交谈过。她17岁的女儿背对着房间，忙着调试网络视频、下载歌曲、做作业，她喝着能量饮料来使自己集中注意力。爸爸20分钟后也到家了。爸爸和妈妈仅打了个照面，爸爸和孩子几乎没有注意到彼此。今天红袜队和洋基队有比赛，爸爸兴奋地坐在电视机前，手边摆着一袋爆米花、一袋薯片和一盒咸脆饼干。接下来的10分钟里，他摄入了1200卡（约5023千焦）能量。爸爸没有吃晚饭，而妈妈草草对付了几口，孩子们边吃晚饭边更新社交账号。晚上8点，妈妈疲惫不堪，准备去睡觉。爸爸却兴致勃勃——红袜队以5∶4获胜了，他吃了一片安眠药来使自己镇静；孩子们一边打电话聊天一边做自己的作业。夜晚进入了尾声。

　　故事2：妈妈刚一下班回家，孩子们立刻停下手中的事情，给妈妈一个拥抱。妈妈和孩子们分享小零食，闲聊了几句。听见车库门打开的声音，孩子们眼睛一亮：爸爸回来啦！他们打开家门欢迎爸爸。一家人坐下来，分享各自一天的经历。爸爸打开数字电视记录仪上的红按钮，录下棒球比赛。一家人一起走进厨房，爸爸开始准备做沙拉的材料，妈妈热汤、炒菜，孩子们坐在桌前等待。接下来的45分钟里，一家人享受了一顿快乐晚餐，开开玩笑，闲聊一番，分享今天的高兴与难过。晚饭结束后，孩子们收拾餐桌，爸爸把碗放入洗碗机。晚上7点钟，妈妈还有时间去趟洗衣房，爸爸则查看电子邮件、回复电话。然后大家一起看电视，妈妈中途睡着了。爸爸用毯子盖住妈妈的腿，和孩子们道晚安。到此，夜晚进入尾声。

　　哪种场景对孩子的成长更有益呢？

☐ 第一个场景：漠不关心。
☐ 第二个场景：全身心投入。

你和朋友或者家人共度第二种时光（全身心投入）的频率是多少呢？

☐ 每天。
☐ 每周几次。
☐ 每月几次。
☐ 很少。

如果回答"很少"或者"每月几次"，那么你和大多数人一样。我所调查的成千上万的人中，只有低于5%的人在生活中保持全身心投入。绝大多数人在回家后的几小时内依然会因工作而分心。

针对人们并不总能选择全身心投入（且幸福）的模式，我们列举了以下原因，勾选与你的情况相符的选项。

☐ 不在乎。
☐ 太忙。
☐ 花费太多精力。
☐ 在一天的工作结束时仍然陷于各种亟待解决的问题之中。
☐ 忙着摆弄各种小玩意。
☐ 独居。
☐ 和家人关系不好。
☐ 没有这种习惯。
☐ 从没想过。
☐ 其他 _____

☐ 其他 _____

☐ 其他 _____

　　所有这些都是使生活远离充实的绝佳理由。普通家庭在一天的工作结束时，大约只有90秒的团聚，之后家庭成员便忙于自己的事情，自顾不暇。而且即使人们选择待在一起，他们的心思依然"不在线"，忙于各自未尽的事项。我在这里分享五个关键点，让身心投入的生活变成现实。

　　1. **唤醒你的新奇感**。想象你和配偶或伴侣坐在咖啡店里，你的高中好友走了过来。接下来5分钟内你会对谁更感兴趣？

　　☐ 你的配偶或伴侣。

　　☐ 你的高中好友。

　　我敢肯定你的回答是高中好友。为什么呢？因为你感到了新奇。经过数年的相处，你的爱人变得熟悉，甚至无趣，而许久未见的高中好友则可以立即引起你的注意。当新奇感碰到爱情，新奇感总是会赢得注意力。即使在爱情里，新奇感的缺失也会耗尽快乐。你是否认同保持新鲜感会加深爱人之间的感情呢？

　　现在想象你要开始一趟历时30天的独自旅行，在这期间你无法看到你的家人。回家的时候，你是否更倾向于以更用心的方式出现在家人面前，至少前15～20分钟是这样呢？

　　是 ☐　　　否 ☐

　　大多数人对这道问题的回答是"是"。假设你也如此，30天后有什么不同？勾选所有符合的答案。

☐ 我想他们了。
☐ 再见到他们我很兴奋。
☐ 我觉得他们新奇而有趣。
☐ 几天的分离减少了我们争吵的可能。
☐ 有更多的事情可以分享。
☐ 我忘记为什么和他们生气了。
☐ 其他 _____
☐ 其他 _____
☐ 其他 _____

让我们分析一下到底发生了什么。当你每天都见到家人，他们变得熟悉，甚至无聊。而当你离家30天后再见到他们时，你的感知系统觉察到一项能吸引任何注意力的特征——新奇。短暂分离带来了新鲜感。虽然没有任何改变，但是分离后你们对彼此新奇的共同感知被唤起。

说到这里，提个问题：如果你离家30天后，家人们变得新奇，那么他们在每天清晨或夜晚可以是新奇的吗？毫无疑问，你身边的每个人，每天都如晨露般清新怡人。分别30天后的新奇感就是一天天积累起来的。基于你所学到的，来挑战一下下面的练习。

☺ 每天下班回家，与家人见面时，你能否当作你们已经30天未见？当你踏进家门的时候，告诉自己：我马上要见到几位许久未见的特殊的人。这就是新的开始，重建新的连接，正在发展的新的关系。你会更珍惜家人的存在。这时的你满怀善意，这是个值得庆贺的时刻。可不可以挑战一下自己，下班回家，看见家人时举办一个小小的庆祝仪式？请你今天就试一试。

对我来说，这也是冥想。

✍ 精神食粮：你身边的每个人，每天都如晨露般清新怡人。✍

2. **停止改变（接纳）他人。**接下来的一周，你的挑战是：下班回到家，前3分钟不要指责任何人。接受卧室杂乱无章、孩子家庭作业未做完、邮件未分类、账单未付，甚至头发被染成粉红色。我为什么让你接受这项挑战？勾画一下下面这种情形下的你，想象一下你的感受。

你是个每天围着3个孩子转的家庭主妇，3个孩子分别8岁、7岁和4岁。早晨7点，你的丈夫出门上班后，你叫醒孩子们，为他们做好去学校和幼儿园的准备，带上他们的午饭，把他们送到目的地。回家后你洗衣服、付清账单、回电话、买日用品，最后练习30分钟瑜伽。这时已经日暮了，你开车去接孩子们，带他们吃些健康小零食，给小儿子洗个澡，带他们参加活动，准备晚餐，你几乎没有时间冲凉。此时，已是晚上7点。孩子跑来跑去，家里一片狼藉。这时，你丈夫下班回家了。他挑高眉毛，质问你："这一整天你都干了什么？"

在下面的方框里写出你的感受，但请避免粗言秽语！

我们生来大脑自带吹毛求疵软件。故事中的丈夫，一回家立即启用了这个软件，忘记了重要的智慧：停止沉浸于改变他人。因为拉开我们和家人距离的最好办法，就是沉浸于改变他人。

时间快进6个月。你的丈夫参加了一项改善亲密关系的课程，并将其应用于实践。现在，他刚一回家，便和孩子们玩成一片。他发明了整理房间的游戏，并帮你搞定晚饭，感谢你的劳碌以及教孩子们尽量少制造混乱。

丈夫的哪一项反应有助于你第二天在他回来之前乐于整理房间？

☐ 第一项：评判性反应。
☐ 第二项：非评判性反应。

你的丈夫所学习的技巧就是借由更多的欣赏来延迟评判。他学会抑制纠正他人的冲动，并且意识到对他人的苛刻只会让亲密关系逐渐疏远。他的评判性反应会闹得大家都不愉快。他明白他的计较和苛责，会让家人将他的出现和感觉自己很糟糕联系起来。他的孩子可能会想，在爸爸出现之前，我一直感觉自己很棒。下次他回家时，我要让自己忙点别的。有了这些想法，家人在他面前便无法放松。这个代价太大了。

我无数次听到我的患者告诉我，他们最美好的童年记忆就是当他们的祖父母看见他们时幸福洋溢的样子。以上面的例子作为警示，看见家人和朋友时记得开心起来。看见他们时，不要急于改变他们。将接纳作为礼物送给家人，不也是很棒的一件事吗！改变他人最好的办法就是不要试图去改变他们，而是接纳他们本来的样子。你的接纳将会成为他们提升自己的动力。

≫ **精神食粮**：改变他人最好的办法就是不要试图去改变他们。≫

3. **珍惜短暂时光。** 假设你妈妈70岁了，你们每年见4次，这一生中你还可以见她多少次？如果她活到85岁，大概还有60次，只有这些！我现在邀请你做一道数学题，关于你最亲近的人。

名称	当前年龄	我们还能在一起的年限 *	我们每年见面的次数	今生我们还能见面的次数
举例：妈妈	70	15	4	60

注：*85岁减去当前年龄。根据实际情况，可以选择其他数字代替85。

我们可以共度的时光是有限的——比我们想象的要少得多。清楚地意识到这种有限性，会给你的生活带来更大的意义。你会变得更加宽容，不再那么挑剔，这会令你远离家庭矛盾，好好享受团聚的快乐。你会更加慷慨地给出最宝贵的礼物：全心全意。

我们时常忘记人生是转瞬即逝的。我们总会因为琐事口角相争，就好像我们会一直在一起，永远不会分开。现在是时候认真投入生活了。明天，你的宝贝就可能不再需要你的肩膀提供安慰，六年级的女儿已经知道如何独立完成家庭作业，青春期的孩子也学会从受伤的自尊中自我恢复。

生活不是为了成功，而是在障碍重重的成功之路上找到活着的意义。请抓住值得记忆的瞬间，在家人因你的忙碌、漠视而悄然离开之前，让每一刻都充满意义。于我而言，意识到时光短暂总能让我的注意力回归当下，享受此时此刻存在的意义。

> 🖋 **精神食粮：** 请抓住值得记忆的瞬间，
>
> 在家人因你的忙碌、漠视而悄然离开之前，
>
> 让每一刻都充满意义。🖋

将光阴易逝铭记于心，在下面的表中写下可以提高与你最在乎的人相处质量的方法。

姓名	和我的关系	我要经常做的事情	我要少做的事情

记住时光短暂，并不是要让我们的思绪纠结于此并变得沮丧。目的在于时而思考一下时光的短暂，并利用这一认识提醒自己发现周围人更有意义的一面。

4. **具备心理弹性**。傍晚，你渴望能一杯茶一本书，安静地享受美妙时光。但你10岁大的儿子想要打球，而小儿子需要你抱抱他；爱人提醒你地下室的水龙头漏水；几分钟后，一个电话销售员又来考验你的耐心。你会怎么做？

□ 将所有人屏蔽掉，专注于自己的书与茶。
□ 不情愿地干着该干的事情，只希望能一个人静静。
□ 选择融入家庭事务其中，平衡自己和他人的需求。

是不是第三个选项更可行，也对保持家庭长期和睦更有建设性？将所有人屏蔽一两天或许可以，但最终会事与愿违。不情愿地满足他人的需要与偏好，会让你的人生充满厌倦和忿忿不平。选择愉快地融入其中会使你变得更加有活力。

具有心理弹性，可以避免不和谐与自我斗争。遇到需要决定晚饭喝什么汤，晚上睡在床的哪一侧，甚至女儿发夹要戴哪种颜色时，记得灵活些。和你家青春期的孩子们聊聊他们感兴趣的事情，而不是聊你感兴趣的。慢慢地，他们会将你和自我满足联系起来，对你敞开心扉。为小事而争吵是不值得的。回忆一下你小时候有多喜欢按电梯按钮，将他人的小偏好看作是对他们很重要的电梯按钮吧，这样会帮你保持放松。心理弹性能使家中快乐常驻。

5. **真诚赞美**。真正的赞美基于以下两个核心认识：

◎ 我喜欢那些喜欢我的人。

◎ 我喜欢他人的同时也喜欢自己。

大多数人对自己感到满意是基于他人的欣赏，你看待自己的方式，实际就是你认为的他人看待你的方式的总和。下面哪一句话对你来说像天籁之音？

□ 桑德拉，你说的……是对的。
□ 鲍勃，实在是太感谢你给的……建议了。
□ 嘿，你是个……的好父亲。
□ 妈妈，我永远也无法忘记当……时帮助我的你是那么的可爱。

你应该喜欢以上所有的话。我们都会在被夸奖时感到幸福。

我们对爱最初的体验是无条件的爱。当你还是个婴儿，你所得到的爱是真诚而没有附加期望的。试着通过赞美他人将这种爱分享给他们。

努力去发现他人身上的闪光点。只要去寻找，你就一定能找到。这可以让你懂得欣赏他人，而你的欣赏也会激励他们寻找你身上的闪光点，从而建立一种持续一生的良性互动。给他人留下深刻印象的最好方式就是感动他人。

对于孩子，除了爱，还要有尊重。的确很少听到孩子们说他们受尊重。而你对孩子们良好行为的尊重会激励他们养成良好的习惯。孩子们也渴望被认可，尤其是来自成年人的认可。研究显示，使孩子具有韧性的一个坚实支柱就是来自成年人的关注，这些成年人相信他们，爱护和尊重他们，并且值得信任。这些成年人不一定是父母，他们可以是邻居、老师、朋友的父母、牧师，甚至是杂货店老板。对弱势儿童尤其如此。你可以成为许多人的良师益友。

☺ 今天看见家人的时候，你要做的就是在5分钟内找到他们身
　　上的闪光点，并且表达出来，表达时应真诚并有创意，而非

重复陈词滥调。你真诚的赞美能让他们感觉非常快乐，你也
会感到同样快乐。

但有一点要注意，应避免转变得太突兀。如果你一夜之间突然180
度大转弯，看见配偶或伴侣时来个热情洋溢的拥抱、亲吻，或者表现出
超常的兴奋，你的伴侣会感觉怪异。我们的目的不是为了震惊对方，而
是巧妙地在你爱人的脑海里形成一个印象：他享受这次相遇，告诉世界
你情绪饱满。如果你非常暴躁，你的家人（尤其是孩子）会认为他们做
了错事。当你出现时，他们会结"茧"并封闭自己。"茧"随着时间越
来越硬，但请相信，即使是最硬的茧也有柔软的地方。去寻找家人身上
的闪光点，也帮助他们找到你的闪光点。如果你是真实的，你将能充满
感激、诚实、有创造性地表达你对他人的欣赏。

智慧的赞美能替你登高疾呼，告诉世界你的幸福、存在、专注和心
怀感激——这些都有益于形成充满爱意、互相滋养的关系。每个人心里
都住着一个等待被唤醒的小孩，去帮助别人，感受一下小孩的天真和欢
乐。回想你孩提时代最美好的回忆，它们和得到最贵的玩具有关吗？还
是它们让你想起了被爱和被接纳的时光？如果是后者，那么多制造些美
好时光，为自己为他人，不是很棒吗？决定制造美好时光就是这段改变
之旅的第一步，也是最重要的一步。

如果你单身。不是只有配偶或伴侣才可以实践这些观点，对朋友、
邻居、顾客、客户甚至宠物，都可以。宠物——尤其是狗——每次见到
你都充满新鲜感，2岁大的孩子也是，仅1小时的分离就可以让他们按
下刷新按钮。我们在成长过程中丢失了这个基本天赋，我想这对我们来
说是巨大的损失。

在工作中。我建议工作中遇见某个顾客时采取两步措施。首先，将

遇到的人单纯看作一个人，而不要立即想着要在对方身上达到某种目的，试着将对方看作人类同胞，哪怕只有30秒；然后，才将这个人看成你的客户。花几秒钟将对方仅仅看成一个人，会使你和客户的会面变得更有价值、更加愉快。

看见他人身上的新奇之处会使你与世界产生深度连接，它会让你体验更大的欣喜。这就是冥想。

附加练习

几种附加练习对训练注意力是有好处的，这些练习的目的在于从平凡中发现独特之处。下面列出注意力练习，在附录里有描述。

1. 在平凡之中发现独特之处。
2. 一次开启一个感官系统。
3. 发现新细节。
4. 想象一个故事。

有机会试试这些注意力练习，看看你是否感兴趣。

下面，我们将其整合成一个系统性的项目，目标是为你提供一种简单、直观、可行的生活方式。

> 精神食粮：看见他人身上的新奇之处使你与世界产生深度连接，
> 让你体验更大的欣喜。

愉悦注意力：一个系统性的方法

多年来，我发现我需要自律和系统化的训练来驯服我执着的内心，

译者注：附加练习，详见附录。

或许你也是这样。这个系统性方法可以帮你提升愉悦注意力的技能，并且让你的生活中有更多快乐。它包括两个阶段：训练和坚持。

阶段1：训练阶段

注意力就好像肌肉，训练才能更强壮。由于你可能需要克服心灵终生漫游的倾向，早期更严格（但不至于令人厌烦的）的纪律和要求才会有效。可以在任何地点进行训练，时间持续4~24周不等，取决于你的努力和天生注意力条件。由于全天候保持愉悦注意力不切实际，我建议采用间断式集中注意力的方式。

> 训练期间每天进行愉悦注意力练习三次或者四次。最好的时机包括清晨醒来、早饭时间、会议开始时、聆听陈述时、午餐时、身处自然时、下班回家时、傍晚家庭团聚时、吃晚餐时、睡觉前、在教堂里做礼拜时和其他合适的时间。

翻到下一页表格中三项实践练习的总结，选择吸引你的选项，承诺自己去练习愉悦注意力。

除了积极练习，还可以试着全天候地关注身边的世界。研究一本书的封面设计、门把手的形状、操作台的花纹式样、人行道上的裂纹、电梯按钮的颜色、天花板上的洒水器、墙上斑驳的油漆——所有这些都值得关注。每次你有意识地关注这些普通事物，都会进入专注模式，训练大脑。

在练习4~24周后，随着逐渐加强的灵活、放松、非评判性反应，你对正式练习的需求会减少。全天的轻松随意的练习将代替正式练习，也就是说，最初的目标变成了一种路径，最终形成习惯。这时你就进入了维持阶段。

愉悦注意力练习	听起来是个好主意	我可以办到
醒来时心怀感恩，活在当下	☐	☐
每天从心怀五个感恩开始	☐	☐
感受脚下的地板	☐	☐
发现浴室中某种有趣的东西	☐	☐
沐浴时停下来，享受水流过皮肤的感觉	☐	☐
关注自然（物理世界）	☐	☐
在后花园里高质量地享受时光	☐	☐
去操场转转	☐	☐
在附近走走	☐	☐
去了解一棵树	☐	☐
仔细观察一朵花	☐	☐
欣赏室内的艺术品	☐	☐
真诚地对待家人和朋友们	☐	☐
关注他们身上的独特之处	☐	☐
珍惜短暂时光	☐	☐
不要改变他人	☐	☐
保持偏好的灵活性	☐	☐
看见家人时满心欢喜	☐	☐
找优点赞美他们	☐	☐

阶段2：维持阶段

伴随着你的坚持，不断通过注意力练习有所收获并找到其他不同的训练方式，这个阶段会持续终生。训练的进展速度因人而异。你的最终目标是从短暂平静的状态升级到转化阶段，这时你对新奇事物和他人优点的有意识注意的能力如同呼吸一样自然。随着练习的深入，在一天中你会怀着愉悦注意与更多的人和谐相处，创造无数幸福瞬间。几分钟的短暂练习就可以形成一个新的习惯。这些练习成果逐渐整合，提升生活质量，你将会变得更加有活力。

这时，我建议你选择一项新的活动，比如工艺美术、烹饪课、瑜伽、普拉提或者音乐。新的活动有助于集中注意力，反过来，这项活动也将受益于更加专注的注意力。

当你获得深度注意力时，我建议仍然花些许时间进行日常规律练习。规律练习可以防止你退回到早期的心灵游弋阶段，并且可以加深体验。在练习中不断前进，面对特殊情境你将更加得心应手，并且雕琢出最适合自己生活的杰作。

加深注意力的练习会唤醒你身体里的小孩。孩子总能如此快乐，部分原因就在于他们能在平凡之中发现新奇。孩子们感兴趣的事物可以列出一份长长的清单，随着年龄的增长，这份清单会越来越短。不要让这件事发生在你身上。通过愉悦注意力练习，你的清单可以再次变长，给你带来更多愉悦、生机蓬勃的时刻。

4周练习结束后，在下页的对照表中标记下哪些观念你已经可以践行，哪些仍维持原状。

注意力练习	可以践行	维持原状
醒来时心怀感恩，活在当下	☐	☐
尽情享受自然	☐	☐
真诚地对待家人和朋友	☐	☐
（列出附加练习）	☐	☐
（列出附加练习）	☐	☐
（列出附加练习）	☐	☐

完成注意力练习的训练阶段后，我会鼓励练习者进行一项练习，每天做15分钟深呼吸，渐进式地放松肌肉或者引导想象。第9周时我会提供些简单练习。你如果对深度（静坐）冥想感兴趣，我建议采用更加个性化的方式，求助于有经验的导师。

如果想通过日志引导练习，请访问www.stressfree.org，打开资源菜单找到日志页，可以打印使用。

愉悦注意力：几点小建议

现在，我要分享一下根据多年注意力练习总结出的三点有效建议。

1. **利用空闲时间**

研究显示，普通人任何时候都有150件未完成的任务。如果你是个普通人，你就会非常忙碌。我建议你找时间多做注意力练习。

回顾一天，找出自己效率低下的时间，那些你所做的事只需要一小部分大脑参与的时刻，即是注意力容易涣散的时候。提醒自己将这些时间用于练习愉悦注意力。

- ☐ 坐电梯。
- ☐ 走进自助餐厅。
- ☐ 叠衣服。
- ☐ 洗碗。
- ☐ 等待电脑开机。
- ☐ 等待对方接电话。
- ☐ 杂货店里排队付款。
- ☐ 等待会议开始。
- ☐ 等着接孩子。
- ☐ 热早饭时。
- ☐ 其他 _____
- ☐ 其他 _____

记住：愉悦注意力练习是精心设计的，所以不会浪费时间，它们将融入你的生活。你不是向已装满的杯子中加入更多的牛奶，而是为你的牛奶撒上巧克力粉。你每天醒来都会去浴室沐浴，为什么不在那段时间里练习感恩、训练大脑呢？你在一天结束（或者开始）时，与爱人或者其他人相聚，为什么不在那段时间里呈现一个更真实而完整的自己呢？通过练习，最大程度地减少心不在焉，这些简单的练习会节省你的时间，而非浪费时间。

2. 提高你的整体幸福感

训练注意力需要耗费能量。完成下一页的表格，你将会找到如何在生命中心怀善意的方法。在第10周时，可以找到打开能量的新方法。浏览下一页的清单，找出使你产生共鸣的方法，并做个规划。

活动	听起来不错	如何完成
充足的睡眠	☐	
健康的饮食	☐	
充满活力的身体（运动）	☐	
日益亲密的关系	☐	
志愿者活动	☐	
其他	☐	
其他	☐	
其他	☐	

3. 与他人同行

找一个可以同行的人，你的同伴可以是配偶或者伴侣、成年子女、父母、同事，或者其他任何对学习韧性生活计划感兴趣的人。当和他人一起学习时，记住，你只能指导自己，而他人通过观察你学习的过程而学习。一种常见的错误是开始消极地评判对追求这种或其他身心修炼方法不感兴趣的人，这只会让你们之间产生疏离感并拖慢进程。所以学习过程中要少说多做。

🖋 **精神食粮**：他人通过观察你学习的过程而学习。少说多做。🖋

虽然你可能因专注于别人的独特之处而感到兴奋，但他们仍然可能终生陷于注意力分散模式或屏幕成瘾，或者二者兼备。这是许多人都会面临的难题。如果你陷入其中，我提两点建议。

☺ **有创造性**。创造性地规划你的注意力练习，这样你的家人想起你时，便将你和良好的自我感觉联系起来。初学者可以考虑每天傍晚和家人一起，至少共同完成一件事——和特别的人分享一杯酒，和孩子们打球、一起跳绳，带回家人最喜欢的食物，参加小型座谈会，一起看电视——任何一项都可以。灵活些，适应他人的喜好。由于这些细节对我们每个人都不同，而且每天变换，任何一种行为，只要能让他人感受到被欣赏、被关心、他们的独特性被接纳和被仰慕，那么注意力练习就会起作用。

有耐心。耐心是你给他人的礼物，匆忙总是留给了自己。一颗匆忙奔跑的心灵总是错过当下。如果等待的时间比你想象的要长，请关注周遭世界的细节，用愉悦注意力填满等待的时光。这样可以避免你失去耐心。

无论你做什么，满怀善意——对自己、对他人，这是一切的起点。提高自己善意之心的办法就是练习善意注意力，这是我们的下一步。

每日一试

做一张你生命中最重要人的照片拼图并将其贴在卧室的墙上，这样每天清晨醒来即可看到。这会提醒你以感恩的心情开始新的一天。如果做拼图太花费精力，就在两张便签纸上写下"感恩"一词，一张贴在卧室，另一张贴在浴室镜子上。这种提示会帮你养成感恩的习惯。

第2周：善意注意力

想象这样的场景：午夜过后，你的车停在某条暗巷的角落里，轮胎漏气了；正准备更换轮胎时，你看见两个6英尺5英寸（约1.96米）高，约300磅（136.08千克）重的影子正缓慢向你移动，你会如何反应呢？

□ 我开始狂吃薯条。
□ 我走出去拥抱这两个人。
□ 我打开我最喜欢的音乐。
□ 拨打110。

我会立即拨打110。人类大脑的恐惧中心会发出指令，调出经验。大脑中有一个杏仁大小的恐惧中心，叫作杏仁核，它会筛选出威胁信息。蛇、蜘蛛、老虎、武装的陌生人——所有这些都可以激活杏仁核，从而提醒我们前面有危险。正是这项本能使我们安然度过祖先们面对过的诸多挑战。

本能很难消失。现代研究显示，我们的杏仁核能够扫描人脸，任何威胁者或者陌生人都会激活杏仁核。个体的反应差异很大，我们有些人比其他人更害怕陌生人。

这种本能让我们在看见他人的瞬间即做出快速判断。在商场里走上10分钟，就会有五个人在脑海里创作出关于你的故事。研究显示，在第10秒时，我们即可对他人的可信度、能力、攻击性、吸引力及可爱度做出评判。虽然许多判断是错误的，我们依然对自己的快速判断信心满满。由于我们生活在小到几千人，大到一百万人的社区中，与原始部落里只有几百人不同，我们每天做的无数判断会让我们的大脑忙得疲惫不堪。

如果想要获得平静，我们必须让快速判断的本能缓和下来，善意注意力即是其中一步。

译者注：1英尺=0.3048米，1英寸=2.54厘米，6英尺5英寸=195.58厘米；
　　　　1磅=453.59237克，300磅≈136千克。

本能注意力

你可以用三种不同的眼光看待他人。前两种是本能，第三种能够通过善意注意力得到训练。善意注意力未经训练的人看待别人时：

1. 中立的眼光，极少集中注意力（忙于神游四方）。
2. 评判性的眼光——

◎ 通过关注物理特征，比如服饰、体型或者吸引力（尤其对异性）区分他人。
◎ 评估可能的威胁。

当你评判性地关注于物理细节或者感知到的威胁，你就是在消耗自己的生命力。我相信每一次看到另外一个人，你都有机会通过第三种视角让自己感受到美好。从下面开始学习如何去做。

善意注意力

☺ 当你看见一个人时，阻止你的大脑做出评判，相反地，意识到每个人都有他或她需要处理的困境。让你内心的善意透过眼神，为那个人送去默默的祝福——祝你安好。

你可以将其看作是2秒的祈祷。了解人类大脑和心灵的工作机制，你就会理解每个人都会面对无数未解的心结和生命的不确定性。你也将理解亨利·沃兹沃斯·朗费罗（Henry Wadsworth Longfellow）所说

译者注：亨利·沃兹沃斯·朗费罗生于1807年，美国诗人、翻译家。

的："如果我们能够读懂敌人的秘史，我们就会在每个人生命中找到足以化解一切仇恨的悲伤和痛苦。"

善意注意力就是这样的一个双向过程，你获取信息的同时也会发出正能量。

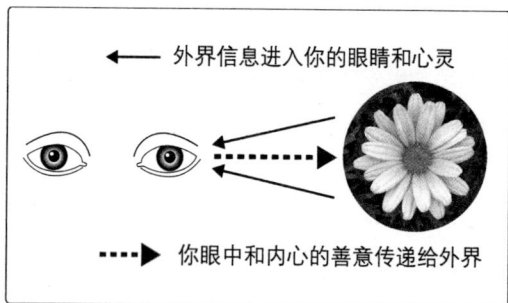

善意注意力：双向能量流

善意注意力用第三种视角看待每个人：善意的视角。三种不同的信念帮助我用善意的眼光看世界。选出下表中最能引起你共鸣的选项。

理解	善意的视角	个人喜好
每个人都在困境中挣扎	默默送出祝福：祝你安好	☐
每个人都会是别人重要的人：每个人都有关心他或她的人际网	从真正爱他或她的角度看待这个人，想象你也是那些爱着这个人的其中一个	☐
每个人都有和你一样的精神本质	从精神本质和潜能方面，如同看待自己一样平等地看待他人	☐

善意注意力：常见问题

关于善意注意力，人们经常问我下面四个问题：

我需要说些什么来表达善意吗？

这个练习的设计初衷是保持沉默，你可以在自己的脑海里祝福他人。你也可以在他人打喷嚏的时候说句"祝你健康"。

我害羞内向，不喜欢直视陌生人的眼睛，眼神接触是善意注意力必须的吗？

眼神接触并非必须。你可以从其他方向看向别人，表达你的善意，不用在意那个人是谁及他的样子。

面对我感到害怕的、不安全的环境，我如何表达关怀？

没有必要。从熟悉的、你感到安全的和有你在乎的人的地方开始。随着你的成长，你的善意注意力的范围将会得到扩展。

善意注意力的好处有哪些？

有以下几个方面：你祝福他人的同时也在祝福自己；你的善意通过温柔的眼神、脸上的微笑和柔和的声音反映出来；他人即使没有看见你也能辨别出你的善意，比如打电话时。评判性的眼光只会伤害自己，而当你用善意的目光看向他人时，这项练习会给你带来爱的感觉。一天之中，它将给你很多机会去体验积极情绪，它也会训练大脑处于专注模式，有助于延迟判断。当你喜欢他人的时候也会喜欢自己。

🌾 **精神食粮：** 当你喜欢他人的时候也会喜欢自己。🌾

你可以选择：不要关注它、允许评判性反应或者选择善意注意力。问问你自己：你希望别人如何看待你？你希望他们评判你还是接纳原本的你？如果是后者，接下来的几天里练习善意注意力，然后回到这里写下感受。

我试着付出善意注意力 ____ 天了
描述你的体验

　　我梦想着生活在一个满怀善意看待我的孩子的世界里，我想你也是吧？那让我们携手创造一个这样的社会。总是要开始的，为什么不从我们开始呢？

　　🕊 **精神食粮**：你希望世界如何看待你的孩子和家人，

你就如何看待这个世界。🕊

每日一试

遇见一个人的时候，不要做评判或者关注他的外表，相反地，让你内心的善意透过眼神，为那个人送去默默的祝福：祝你安好。

第二步：培养情绪韧性

第3~8周：与生活压力共舞

任何一天里，你都很有可能会遇到压力。研究显示，一个普通人每周会有3~4天体验到明显的压力。

比如上班迟到了，收到了一封愤懑的电子邮件，又或者女儿的保姆生病了，你必须在1分钟内做出其他安排。你想要获得情绪韧性，从而能够相对容易地处理这些挑战，你希望能尽快挺过困难并恢复过来。

这个项目第3~8周训练的目的是提供方法与策略，让你任何时候都可以重新集中注意力，远离压力感，以富有成效的方式解决生活压力。这些方法可以让你拥有情绪韧性，让你更幸福，进而增强你的内在力量。

情绪韧性是指：

◎ 多数情况下拥有积极情绪体验。

◎ 逆境中依然保持情绪稳定。

◎ 面对逆境快速恢复积极情绪状态。

拥有情绪韧性的人尽情投入并享受生活但从不沉湎其中。他们在没有过度恐惧的情况下谨慎行事；有健康的自我认知而不自大；不追求完美、不否定自我、不过分乐观或者悲观；拥抱自己的弱点，实事求是，灵活对待自己的偏好。

我们将在第3~8周开始探讨情绪韧性的关键成分，这将引导你在日常生活中践行和利用五条原则，帮助你增加情绪韧性，同时提高注意力和创造力，加深生活体验，而且可以教你适用于绝大多数生活情境的技能。

情绪韧性：成分

我妈妈家里有一种特殊的咖喱粉，那是由咖喱叶、芒果干、生姜、辣椒、芫荽、大蒜、丁香、小豆蔻、孜然、茴香、海盐、姜黄和芥末子混合而成的。当任何蔬菜、汤或者扁豆制品味道不对时，几汤匙咖喱粉加进去总能搞定。

几年前，我启动了一个项目：为心灵制作一种不同的咖喱粉。我要寻找一种能够抚慰甚至改变大部分生活压力的成分组合。通过几年的研究和试验，我发现了完美的五成分组合：

1. 感恩。
2. 关怀。
3. 接纳。
4. 意义。
5. 宽容。

这些永恒的原则是精神韧性的基础。你可以在《无压生活心理学》里学习这些原则的背景。了解大脑、心灵的内在工作原理、训练注意力、追求更高层次的原则生活，都是锻炼情绪韧性的方式。同时，这些原则充分内化时，任何精神创伤都能或多或少得到治愈。我邀请你带它们走进你的生活。

第一步

我们通过一项游戏来介绍这些原则。假设你是一名非常在意发型的青少年，发型师今天搞砸了你的发型。你抓狂地想要大喊大叫，只有5分钟你的男朋友或者女朋友就要来接你去约会了，这恰巧是你需要振作起来的时候。通过下面的表格，找出能够帮助到你的五个视角。试着将其与右栏里的原则对应起来。

1. 发型师工作难度大，一直被要求做到百分百完美。但毕竟，他们只是普通人	A. 感恩 B. 关怀 C. 接纳 D. 意义 E. 宽容
2. 在我经历的数百次理发里，一次剪坏了没什么大不了。生活中绝大部分事情顺利的概率都达不到99%	
3. 如果我的男朋友或者女朋友仍然喜欢发型如此糟糕的我，那他/她是真的在乎我本人	
4. 我自己曾搞砸那么多事，我记得上菜时曾经将蛋黄酱撒在客人身上，我应该放下这一切继续向前	
5. 幸运的是我天生须发浓密，用不了多久头发就长回来了	
答案：1. B 2. C 3. D 4. E 5. A	

你是否发现了每一项原则和相关的视角是如何帮你快速复原的，你是否认同这是一种更好的、全新的看待事物的方式？你是否发现了这些原则如何全方位地重新建构已有经验，并且引领你走向平静与幸福？

利用这些原则并不意味着否认现实或者不在乎自己，无限度的乐观或者积极只会适得其反。我说过发型看起来很棒吗？没有，因为这并不是事实，你的大脑会排斥这个想法。这些原则也没有让你继续留同样的发型。它们是一种更实际地看待生活的方式，是一条通往平静的捷径，是防止不良体验扰乱一天中余下时光的快速治愈方法。它们帮助你停止纠结，达成自我和解。

你无法避免生活中所有的意外，但你可以决定如何处理，最后，重新控制自己的大脑。通过练习，你可以在比一个糟糕的发型更难的困境中应用这些原则。它们会提供一种获得持续幸福感的方法。

有一种包含每天一个主题的结构性的方法，将有助于你做到这一点，有时我将其称为"每日风味"。下面是练习建议。

星期	主题（每日风味）
星期一	感恩
星期二	关怀
星期三	接纳
星期四	意义
星期五	宽容
星期六	庆祝
星期日	反思或祈祷

初始6周的规律训练锻炼大脑学习使用这些原则。大多数情绪韧性生活计划的练习者6周后继续保持，而且许多人打算一直坚持下去。下面我将简要描述每一个原则。

星期一的主题：感恩

通过给至少5个人表达默默的感激来开始新的一天，正如你在愉悦注意力练习中学到的那样。在一天之中，特别是当你的注意力陷入不快或者意外事件时，试着用感恩的视角重建你的想法。不要想，我讨厌忙碌不停，而是告诉自己，我很高兴能帮到那么多人。例如，如果你是位护理人员，你可以关注于感恩患者对你的信任以及给予你和你专业的尊重。如果你是商人，你可以感激顾客对你的信任和他们带来的馈赠。如果你是位家庭主妇，你可以感激家的舒适和孩子们的珍贵。养育孩子时，训诫和爱意之间的平衡比世界上任何其他工作都重要。作为一名家庭主妇，你相当于受雇于服务业，而顾客恰好就是你的家人，还有什么比这更美好呢？

人生不可能一帆风顺，尝试在逆境中仍关注积极的一面。请你记住：已发生的事不会比本应发生的更加糟糕，并对此心怀感恩。在逆境的废墟中坚持感恩，确实充满挑战，但感恩可以在绝望中为我们凿开一条裂缝，带来希望之光。随着不断的练习，你的感恩阈值会逐渐降低，你会自然而然地感恩生活中或大或小的生命的馈赠。在你的心里，感恩将开辟出一片永恒的、愉悦而平和的净土。那时，感恩将不再是你追逐的目标，而是你人生路上常伴的风景，带给你践行善意和关怀的力量。

〽 **精神食粮**：尝试在逆境中关注积极的一面。〽

星期二主题：关怀

关怀是原则的具体实践内容。带着关怀之心，你会看见所有人的挣扎，每个人都面临大大小小的矛盾和纠结，值得彼此关心。这一点在患者和照顾者身上尤其真实，他们会感到脆弱，经历失控、迷惘和对自身局限的粗浅认识。

关怀可以使你明白，除了爱意之外的情绪表达都是在寻求帮助。有些人脾气坏是因为她受到了伤害，哪怕她并不承认。其公式是这样的：

悲伤=受伤=寻求帮助

〽 **精神食粮**：除了爱意之外的情绪表达都是在寻求帮助。〽

另一个公式——悲伤=侮辱=寻求回应——持续的不健康的回应会摧毁你们的关系。

带着关怀之心，你可以真正地站在对方的角度来看待他。烦恼是不快乐的标志，不快乐来源于伤害，而伤害萌生于未被满足的期待。你反击的怒气只会加深他的伤口，它会助长烦恼、不快乐和伤害，进一步加深失望。

关怀是减轻痛苦和治愈疾病的良药，关怀是神奇的润肤露，能够抚平最顽固的精神伤痛，直至重获健康。寻求关怀比寻求幸福更能使你快乐。关怀使你能够意识到对方的苦难，与之共情并培养出一种缓解苦难的意识。它引导你采取行动，进行抚慰和治愈。关怀不是被动观察，它是对行动的热切呼唤。

星期三主题：接纳

接纳有三个方面：

1. 接纳他人。
2. 接纳自己。
3. 接纳情境。

一旦意识到我们每个人都不完美且都会犯错，我们就能够接纳他人（和我们自己）。我们一直在寻求永恒智慧和完美爱情的路上跋涉。这一路，没有现成的指导手册告诉我们应该怎样生活。我们只能在生活的摸爬滚打中学习。即使是那些善意的、无私的思想和行为，依然可能代表了我们内心失衡的恐惧、欲望和自我。而接纳他人恰恰源自拥抱这些不完美。你开拓自己的眼界，最终会意识到通过接纳他人，你接纳了自己。

宇宙拥有如此浩瀚的能量，面对嗷嗷待哺的世间万物，有时也只能这边云聚那边下雨，难以周全。明白这一点，你就能接纳情境。

地球总有一半要背对太阳，另一半才能沐浴阳光。这就是规律。接纳能让你保持希望和乐观，这样你才能真正地相信退一步是为了更好地前进。这种信念能帮助你专注于有意义的事，不会囿于那些令人疲惫的胡思乱想。

接纳唤醒内在的平和，阻止自我斗争，因而可以节省能量来应对突发事件。接纳使你即使面对困境与失望，仍将幸福放在首位；接纳使你即使身处混乱，也能保持公平和理性；接纳使你变得善良——可以预见的善良。接纳并非是冷漠，它是一种包含热情与平和的平衡状态。

星期四主题：意义

每时每刻，你都要做当下最有意义的事情。下面是帮我总结此生意义的三个问题：

1. 我是谁?
2. 我为什么存在?
3. 世界是什么?

我是谁? 我可以列举很多证据。工作上，我是教授；家里或者社交中，我是丈夫、父亲、儿子、兄弟、同事、邻居和朋友。两条线将所有的角色串联起来，代表着生命的真正意义：奉献和爱。无论我做什么或者在哪里，我都能做到奉献和爱，这对你来说同样适用。奉献和爱本身就是完整的，它们一直和你同在，只要你的角色一直存在，没有人可以剥夺你奉献和爱的权利。

我为什么存在? 我存在的意义是使这个世界多一点善意和幸福。无论我的贡献多么微不足道，我相信只要我们坚持这个简单的目标，许多甚至大多数自寻烦恼的问题都会迎刃而解。我们每一个人都有自然母亲赋予的一块画布，我们要做的就是尽可能用心地涂抹、装点它，让后代能够从其中发现价值和鼓励。

世界是什么？世界是一所学校。我的生命历程，包括成功和失败，都是人生的经验教训。我从中领悟到宝贵的自然本质。以这样的方式思考使我保持谦逊和随遇而安，而不把自己的逆境和负面反馈内化成人格的一部分。

理解意义的多个方面，能帮助你更多地关注你给予他人的能量，而不是你得到的能量。星期四是充满谦逊、低欲望的一天；是对每份礼物，无论大小，都满怀惊喜和激动的一天；是让他人的生活比原来更幸福一点的一天。这一天让你明白，终极意义不在于过去和未来，只存在于今天，光彩夺目的此时此刻。

星期五主题：宽容

对于宽容的理解，我们大多数人处于两个极端。一种理解是宽容可有可无，因为在生活中人们可以经由各种途径获得幸福。另一种理解是宽容代表了不公平，尤其是当某人深受其害时。这两种认识都使我们远离宽容的美德。

宽容是基于你最高理想而自愿选择的生活方式。"赠人玫瑰，手留余香"——它是你赠予他人的礼物，最终回馈于自己。宽容对于克服生活带来的精神压力不可或缺。自愿的、成熟的宽容会赋予你力量，并不会剥夺你的力量和自尊。宽容会解放你的心灵，使你去发现生活中更多的意义和幸福。

宽容是践行感恩、关怀、接纳与追求崇高生命意义的珠联璧合。当我们满怀关怀地理解人类的处境，当我们意识到人类的思想本质上是由自私的渴望和厌恶所驱动时，我们就会宽容。当我们接纳每个人的优点与缺点时，知道它们相互关联并且不断转化——今天的缺点到明天可能就是优点，我们就会宽容。

我们之所以宽容，是因为我们需要生命中更崇高的意义——而不是我们受到的伤害——来引导我们前行。

我们对他人的宽容取决于对自己的宽容。宽容自己会为宽容他人赋能，反之亦然。随着我们不断长大，取得进步，开始宽容过去，我们亦会开始宽容未来。在人生旅程中，当需要被宽容的人和事逐渐消散，我们会感受到一个美妙的瞬间。在那一瞬间，我们将领悟我们到底是谁，领悟到感恩、关怀、接纳、更崇高的生命意义，以及宽容只是同一种力量的不同名字：这就是爱。

星期六和星期日主题：庆祝、反思或祈祷

庆祝和祈祷都与你的个人生活方式和信仰有关，所以我将具体细节留给你自由选择。可以这样说，工作和娱乐，多样的爱好、包容的观点和慷慨无私的态度都将增添生活的平和、喜悦和韧性。

$\cdots$

我是否能够完美地实践这些原则？当然不能。但是，我是否可以认为我比十年前做得更好？完全可以。进步通常比想象的要慢，但它从未停下脚步。作为礼物，随之而来的是自由——从受伤的负性情绪走向更幸福和更有力的自我控制。随着练习的进行，你能够更正面地影响自己的内心，选择自己的想法，这是过程中的关键一步。当你主动选择你的想法，它们更健康积极；当你浮想联翩或胡思乱想时，你的想法更有可能变得消极。

如果能每天坚持主题训练，这就是你将平凡事做出超凡成果的开始。性格更多地取决于你平时如何与平凡的人相处，而不是聚光灯照亮你的那些时刻。

你或许会问，为什么不在星期二同时练习感恩呢？结构化方法的目的在于每天都有专注点，但不意味着排除其他训练。请不要在星期五的时候说你今天不可以练习关怀，因为它不只限于星期二。事实上，随着练习的进行，你会意识到每一项练习都指向同一个点，它们是智慧和爱两种核心美德的不同化身。

这些练习并非要让你变得僵化。如果你发现某项练习比较难，可以用另一种你觉得容易的来代替。有的练习者一整周都专注于练习感恩，那也很好。我的目标是提供一张通往幸福和韧性的地图，路需要你自己走。但如果你没有特殊理由去做其他选择，我建议至少按这个顺序开始：感恩，关怀，接纳，意义，宽容，庆祝，反思或者祈祷。

练习初期，你可以把这些练习当作重新理解负性体验的工具。当逆境来势汹汹时，这些练习就是你保卫自己的武器。随着你不断进步，它们或许在某一天会起到决定性的作用。那一天或许就会变成一条涓涓溪流，包含着感恩、关怀、接纳、更崇高的意义和宽容。面对如此强大的你，痛苦如何栖身呢？

在这章接下来的内容里，我们将从更深的层次看待这些原则。我们将从三方面看待每项原则：

1. 理解该原则（它是什么）。
2. 找到该原则的意义（你为什么要练习）。
3. 在生活中应用该原则（如何练习）。

> ✍ **精神食粮**：性格更多地取决于你平时如何与
> 平凡的人相处，而不是聚光灯照亮你的那些时刻。 ✍

通过这些步骤，我的最终目的是帮你将这些原则内化于心，实践它们毫不费力。当你开始心怀感恩，并将它转化为关怀，习惯于接纳和宽容时，你将会改变和提升你自己。

大脑的认知和情感就像自行车的两个车轮，它们必须一起工作，有了认知脑和情感脑的配合，你才能够在整个生命中践行这些原则。让我们从感恩开始吧。

感　恩

理解感恩

接收并感谢你生命中的礼物是感恩，被幸运眷顾时庆幸自己如此幸运是感恩，感激人生中的每一次经历也是感恩。因为生活的每一步都帮助你成长——有时是物质上的，但绝大多数是情感和精神上的。当满足以下四个条件，你就会心怀感恩：

1. 你获得了有价值的东西。
2. 给予者自愿分享，而不是出于责任。
3. 给予者分享时需要付出努力。
4. 给予者分享时毫无私心。

我们来讨论一下第3和第4个条件。

给予者分享时付出努力

你有多少次对杂货店有你最喜欢的麦片品牌而深感感激？我们姑且称之为Yumy-Yum牌。

☐ 很少，假如曾经有过的话。
☐ 每次我买的时候。
☐ 每次我吃的时候。
☐ 每天都会有几次。

大多数人选择"很少，假如曾经有过的话"。我们来假设一下，Yumy-Yum牌麦片缺货了，你换了另一个牌子。一天下午，杂货店经理给你留了一条信息，他知道你的喜好，给你留了五盒你最喜欢的麦片。你从店里拿走了麦片，但麦片并没有标价。你会为这五盒麦片心怀感激吗？选出答案。

会 □　　不会 □

如果你回答"会"，那是因为你获得了额外的关注与照顾，某人替你付出的特别努力在你心里引发了感激之情。如果你回答"不会"，那么，要么因为你并不在乎这个麦片，要么因为你很难取悦。我敢肯定是前者！

给予者分享时毫无私心

想象一下这种经历：你最近搬到一个新的国家，感到孤独。你在商场里遇到一位老朋友，他邀请你下个周末共进晚餐。你到的时候发现，他准备了一桌精致而丰盛的菜肴，你会感到感激吗？

会 □　　不会 □

用餐到一半，你的老朋友将话题转到投资，他力荐你买入某个金融产品，但是你并不感兴趣或者没有余钱。你礼貌地推辞，但他执意推荐。你的感激这时会减少吗？

会 □　　不会 □

最后，他让步了，但是他的态度变得冷淡而疏远。他决定不上甜点了，尽管你知道甜点已经准备好了。在下页的方框里写几句你的感受。

我猜你会写出各种各样的词。自私的动机是感恩的完美湮灭者，充其量，它只会让你感到亏欠。

感恩和亏欠

你是会感到感恩还是亏欠取决于最初的意图。当你感到被照顾、被认为是有价值的并且被善待，对方没有期待回报，你会心怀感恩。当这份帮助里夹杂着回报的期盼，你会感到亏欠。亏欠会产生一种义务，让人感到沉重，太多的亏欠就好像你背上额外的行李。感恩对于接受者和给予者是相同的感受，而亏欠感只有接受者有。感恩是精神上的，而亏欠则是一场普通的交易。

感恩的意义

假设你因为缺乏活力和情绪低落去看医生，经过详尽的评估，他开出了一种药丸。研究表明，这种药丸可以提升能量，改善情绪，激发乐观情绪，增加幸福感，促进恢复，提高自尊，使你变得更善良，改善社会关系，降低酗酒风险，提高睡眠质量，更快从疾病中康复，增强免疫力，降低感染风险，甚至可以使你赚更多的钱。而且这种药丸已知没有副作用，更重要的是，它是通用药物，且无须自费！你会服用吗？

会 ☐　　不会 ☐

如果你回答"会"，让我告诉你它的名字——每日感恩练习。研究表明，感恩可以使你的幸福感提高25%，同时也会对你的身体健康产生积极的影响。

让我们探讨一些培养感恩性格的方法。接下来的练习旨在帮你将感恩融入生活。我们的目标是降低感恩的阈值，让我们对小事也心存感激，形成习惯，每天多次感恩，并将感恩作为首要任务。

应用感恩

记住：数以百万计的人缺乏你所拥有的

想想你拥有的一切，数以百万计的人没有这些从最简单的到最令人垂涎的资源。下面的表格列出了当今世界上缺少最基本生存资源的人口数。

需求	全世界需求匮乏的人口数
安全饮用水源	超过10亿
足够的食物	超过8亿
健全的视力	2.85亿
健全的听力	超过2.8亿
工作	超过2亿
父母（孤儿）	1.5亿
住所	超过1亿

明白这些并不是要你喝水或吃饭时感到内疚，而是要心怀感恩，意识到上述任何一个都是一份极具分量的礼物。不要吝啬对这些礼物的感

激，心怀感恩，你会更享受这些礼物。带着真正的感恩，你有理由心存感激，而不是等待惊喜降临。

极有可能，世界上有很多比你我更穷的人，但他们比我们更幸福。这在一定程度上是因为他们完全感激他们所拥有的，即使他们拥有的并不多。

记住上面所说的，让我们转到下面，找寻对某一事物的感恩，我相信到目前为止你还未曾这么做过。

改变感恩阈值

想一下最近吃过的成熟多汁的梨或者其他水果，你对它有感恩之心吗？

有 □　　　没有 □

如果回答"有"并感觉感恩练习进行得很好，那么我告诉你——这是一个陷阱！这个练习并不是帮助你对梨心存感激。我希望你对梨梗心存感激——就是你毫不在意随手扔掉的梨梗。好好想想，在下面的空白处写下对梨梗心存感激的理由。

不正是梨梗在梨子的生长过程中提供了稳定支撑吗？它提供了安全感，是营养梨的脐带，没有梨梗就没有梨。那你是否会感谢梨梗让梨子得以长大成熟呢？对那些在当下似乎没有什么价值的人或事（比如杂货店的店员），你可以试着用这样的方法培养感激之情。

☺ 试着感激你生命中今天看起来并不重要的两个人。在下面的表格中列出这两个人的名字并写下对他们心怀感激的缘由。

人名	感激的缘由

我希望，随着感恩阈值的降低，你会发现，比起一根梨梗，感激你所爱的亲人、朋友、同事和其他更重要的人是多么容易。

无论感激是因大事还是小情，感恩的心都会带来幸福感。通过降低感恩阈值，你会振奋精神，拥有能量满满的一天。

在逆境中发现感恩（逆境中的积极一面）

18世纪的圣经学者马修·亨利（Matthew Henry），理解感恩的深刻价值。钱包被抢后，他在日记里写道："这件事让我心存感激，第一我从来没有被抢过；第二，虽然他拿走了我的钱包，但他没有夺走我的生命；第三，尽管他拿走了我钱包，但是钱并不多；第四，是我被抢了，不是我抢了别人。"他教我们如何用感恩的美德来重新解读逆境。

☺ 想想过去两次身处逆境的情况，并反思那些可能出问题但并没有出问题的情况。在下面表格中写下这些经历。

逆境	逆境中的积极一面

关注积极的方面并不意味着否认问题的存在。它只是让你保持理智，节省精力，从而更好地解决问题。感恩并不意味着你面对的每件事都完美无缺，因而停止担心并开始享乐；感恩意味着你庆幸自己拥有足够的幸运，所以在当下选择快乐一点。

在逆境中寻找意义

1883年8月21日傍晚，一场毁灭性的龙卷风席卷了美国明尼苏达州罗切斯特市。它造成了37人死亡，200多人受伤，摧毁了135所房屋，夷平了10个农场。由于当地没有医院，一名医生和他的两个儿子及圣弗朗西斯修女会的玛丽·阿尔弗雷德·莫斯（Mary Alfred Moes）只能在一个舞厅里照顾患者。他们很快意识到罗切斯特需要一家自己的医院，他们所创建的医院最终变成了Mayo Clinic。如果不是龙卷风，可能就不会有Mayo Clinic了。

☺ 大多数转变都萌芽于逆境。重新审视你的人生逆境，它们是否帮助你成长？它们是如何帮助你的？在下面表格中记录下你的想法。

逆境助我成长	过程

想想你写的内容，你能够或者开始能够对你所处的逆境心存感激吗？不要浪费这些伤痛，不从错误中学习是一个更大的错误。将伤痛视作经验教训帮助你成长。这个过程从感恩开始。

🌾 **精神食粮：** 大多数转变都萌芽于逆境。🌾

养成感恩的习惯

我们的目标是让大脑从偶尔思及感恩，到感恩变成它的第二天性。养成新的习惯需要努力，但如果结果有意义，这些努力就是值得的。然而，如果不将感恩变成日常的一部分，即使最有意义的想法也会蒙尘。

这里有一些帮你养成感恩习惯的小窍门。

◎ **写一本感恩日志**。每天写一篇感恩日志，越详细越好。但你不必事无巨细。参考下面的示例。

今天我要感恩……	晨雾 工作时的热咖啡 和很久没见的比利聊天 我回家时伴侣脸上的笑容 我的电脑没有死机

☺ 在下面的方框中，写下今天的感恩对象。

今天我要感恩……	

◎ ☺ **制作感恩索引卡**。想想你崇拜的人，在几张索引卡上写下他们激励你的特质或行为。带着你的感激之情，感谢他们给你带来鼓励。在下面的方框中写下某位激励你的人的名字，以及为什么你感激他。

人名	我为何要感激他

如果某一天你情绪低落，拿出一张或两张卡片，从卡片人物的生活中汲取能量。

◎ **利用感恩线索**。任何新习惯养成都需要提醒。如果你在努力让孩子们打扫房间，或训练你的配偶在洗衣服时将深色和浅色织物分开，你就会明白。改掉一个旧习惯非常困难，感恩线索是养成一个习惯的绝佳提醒。这里有几项感恩线索值得一试。

◎ 在卧室墙壁上张贴你爱的人的照片，你醒来第一眼就可以看到。
◎ 感恩日历。
◎ 在一周日程表上，把周一标记为感恩日。
◎ 感恩APP。
◎ 感恩腕带。
◎ 感恩贴纸。

你还能想到哪些感恩线索？在下一页空白处写下来。

◎ ☺ **和孩子们一起启动一项感恩仪式。**以家庭为单位一起练习感恩是养成感恩习惯的有效方法。饭前或睡前，让孩子分享白天的一个感恩经历。

◎ ☺ **做一个感恩罐。**把一只空罐子、一摞便笺和一支钢笔放在家里容易找到的地方，让家人每天在便笺上写下一件感恩的事情，然后扔到罐子里。鼓励他们写得有趣些，然后在晚餐时或闲暇时间，从罐子里拿出几张，享受阅读彼此想法的时光。

在我的女儿葛莉上小学时，一位四年级的学生刚从海外搬来，虽然她来自一个经济困难的地区，但看上去特别活泼。当葛莉问起她幸福的秘密，她说："我在院子里玩的时候，不必担心玻璃碎片或者荆棘；秋千很棒，不会吱吱作响；还有天空很蓝。而在我的家乡，总是浓雾弥漫，我从来没有看见过真正的蓝天。"

小女孩注意到了这么多年来我们未曾欣赏的东西。她给我和葛莉上了宝贵的一课：我们不应该将任何事情视作理所当然。我们应该学会对小事心怀感恩，我们不应该在失去某人或某物后才欣赏其真正的价值。我们应该爱活着的人，而不是等到追悼会才去赞美他们。我们需要变得谦逊和更加成熟来培养感恩的心。我们追寻的结果是什么?

我们希望能对富有营养的苹果、苹果梗和种子(我们毫不在意地扔掉了)怀有同样的感恩之情,正是它们成就了果实;吃橘子时,我们希望能同样地感谢果肉和保护它的苦涩果皮;我们希望通过降低感恩的阈值,让我们能够真正珍惜最珍贵的福祉——我们每天共同生活的和遇见的了不起的人们。

心怀感激,你周围的一切都会变得非同寻常。爱因斯坦完美地描述了这一点:"有两种生活方式,你可以活得平淡无奇,你也可以活得处处惊喜。"如果我们希望生活中充满奇迹,你和我需要培养更深切的感恩之情。幸福用感恩的语言表达,无论顺境还是逆境,幸福的唯一门槛是一颗感恩的心。

在你生命的花园里,种上一颗感恩之树吧。它会为你和你身边的每一个人结出快乐的果实。

每日一试

启动某种感恩仪式,无论是写感恩日志、制作感恩索引卡,还是利用感恩线索,比如在日历上将周一标记为感恩日,或者在便笺上记录要感恩的人或事,用这些来提醒你花时间感恩生命中的礼物。

关 怀

理解关怀

关怀是分享他人的悲伤和欢乐,追寻关怀会比追寻幸福更快乐。让我们通过在关怀美德的基础上构建我们的生活,来增强幸福感。

思考以下这些两难的处境,你将如何应对它们。

你的侄女刚被哈佛大学录取,而你儿子有学习障碍,只能重读三年级。你真的会为你侄女感到高兴并庆祝她的成功吗?	☐ 会 ☐ 不会
你的朋友丽莎在发现丈夫今年第二次偷情后,和他分居了。多年来,你一直暗暗嫉妒他们幸福的婚姻生活。你会真的为丽莎感到难过并试着支持她吗?	☐ 会 ☐ 不会
你的朋友在做一个对他未来成功至关重要的项目时遇到了困难。他向你求助,因为你曾经做过一个类似的项目。从高中开始他就一直是你的竞争对手,而且总是略胜你一筹。你会帮他吗?	☐ 会 ☐ 不会

每当你回答"会"时,你就是在表达关怀。

关怀是你对他人的境遇感同身受的能力,心怀帮助的愿望并付诸行动。关怀可以减轻痛苦,急人之所急,乐人之所乐。它是对黄金原则的实践。

根据这个定义,在下面表格中写下你最近两次表达关怀的行为。

1.
2.

现在回答这个问题：

当回忆起我的关怀行为时，我是否对自己很满意？	☐ 是的 ☐ 没有

如果你的回答是"是的"，那么你已经找到关怀的意义了。

关怀的意义

关怀会在多个方面帮助你。下表即总结了关怀的好处，根据自己的判断勾选"是"或者"不是"，并在第三列中就每一点写下你自己的观点。

观点	同意与否	自己的观点
接受或者给予关怀使我更健康	☐ 是的 ☐ 不是	
接受或者给予关怀能够降低压力，使我更快乐	☐ 是的 ☐ 不是	
接受或者给予关怀能够暂时地让我远离面临的挑战	☐ 是的 ☐ 不是	
我在伴侣身上寻求的最重要的特点是善良	☐ 是的 ☐ 不是	
对于一个社会来说，关怀是我们生存的必要条件	☐ 是的 ☐ 不是	
关怀对于精神健康必不可少	☐ 是的 ☐ 不是	

每回答一个"是的"，都是你对关怀的肯定。

> 🖋 **精神食粮**：关怀会减轻痛苦，急人之所急，乐人之所乐，
> 它是对黄金原则的实践。🖋

运用关怀

练习关怀意味着：

◎ 形成一种能力，从他人的角度看问题。
◎ 排除个人障碍来践行关怀。
◎ 使这项练习有价值。

下面，我将分享练习关怀时将这些观点整合的方法。

关怀四步法

想象这一场景：你在门外见到一只无家可归的小猫。落雨冰冷，今晚温度会降到零摄氏度以下。你不养猫并且对猫毛过敏。然而，问过伴侣之后，你把猫领回了家。我们来把这项爱心行为分成四个步骤。

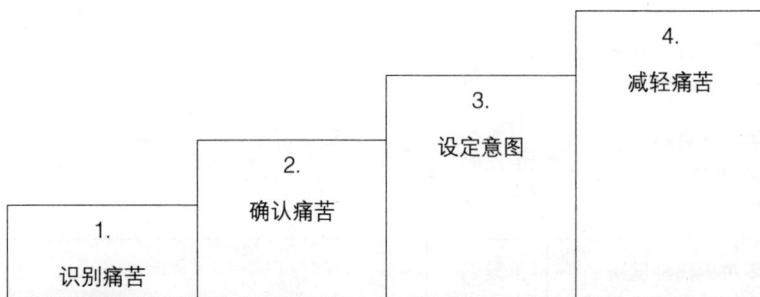

关怀四步法

第一步，识别痛苦。当你陷入默认模式，因为自己内心的挣扎，你很少能意识到别人的痛苦。恐惧是关怀的最大障碍，你必须跳出思绪和恐惧，真正关注你面前的人，只有这样，你才能站在别人的角度理解他人的困境。面对这只无人认领的猫，你可以把注意力集中在打喷嚏上，也可以集中在猫待在外面可能要忍受的痛苦上。

　　第二步，确认痛苦。下一步是在心里确认他人的痛苦。对他人的境遇保持批判和指责的态度，会阻碍你确认痛苦的能力。请记住，没有人会主动陷入痛苦，无论何时，问责形势，而不是陷入困境的人。尽可能不要浪费时间抱怨让那只猫走丢的人，而是关注猫本身的痛苦。

　　第三步，设定意图。当你跨越了识别痛苦的障碍，并确认了他人的痛苦，下一步就是思考你实际上可以就当前的状况做些什么。你或许不是位爱猫人士，也不想长期养猫，但也许你可以为它提供过夜的庇护所。

　　即使在认识和确认了他人的痛苦之后，我们也并非总能设定帮助的意图，因为觉得自己帮不上忙，有时，我们担心自己会在情感上伤害他人或侵犯他人的隐私。大多数恐惧是被放大的，对生活中绝大多数情况，你都可以做点什么，仅仅几句满怀关切的话也能使一个人摆脱痛苦。如果你谦逊、优雅、带着尊重地帮助他人，你就很有可能找到正确的方向。

　　第四步，减轻痛苦。实际行动的主要障碍是：怀疑你自己可以做什么，不知道应该做什么或对要做的事感到尴尬，并因此觉得恐惧。为了照顾这只猫，你必须克服你可能过敏的恐惧。适当谨慎地平衡道德责任是合理的，但如果猫会给你带来致命的过敏反应，那么由别人来庇护这只猫完全没问题。

　　让我们再从我的一个患者的角度来看关怀。在没有家人和朋友支持的情况下，她勇敢直面具有生命威胁的疾病长达数月。她分享了自己在最黑暗的时候，希望别人如何帮助她的想法。从下列选项中勾选你觉得有意义的想法，还可以添加你觉得能帮到她的其他想法。

□ 给她送碗热汤。

□ 帮她修剪草坪或者铲雪。

□ 为她准备足够的一次性盘子和叉子，在她不想洗碗时可以用。

□ 带她的孩子去看电影。

□ 主动帮她倒垃圾。

□ 花时间陪她。

□ 带她的孩子过夜。

□ 帮她遛狗。

□ 给她唱首歌。

□ 确认她的忧虑。

□ 给她带一本有趣的读物。

□ 你的想法 _____

□ 你的想法 _____

□ 你的想法 _____

这些是曾经的一位同事教给我的：安慰他人最重要的一步就是出现在她面前。你不一定要做出惊天动地的事或者说出感人肺腑的话才能帮助他人，只要带着一颗开放的心出现就行了。

关怀的支柱
关怀的支柱有两个：

1. 连接。
2. 意义。

你与他人的连接越亲密，你在他们身上找到的意义越大，你的关怀就越真诚。下面我们来谈谈关怀这两大支柱是如何起作用的。

连接。你如何看待自己与他人的连接程度，取决于你与他人的相互依赖和相似的程度。

在下面的方框里，写下你在无人帮助的情况下能做的事情。


```


```

你可能将方框空着或者只写了一两件事情。正如人的心脏、肝脏和肾脏相互依赖（一个器官的衰竭最终可以诱发所有器官衰竭），我们是相互依存的，你和我是同一辆车上不同的车轮。

接下来我们来探索相似性。想想住在北极的名叫卡亚的爱斯基摩人，他是两个孩子的父亲，与妻子和年迈的父母住在一起。想想你和卡亚的相似之处。

◎ 你和卡亚99.9%的基因相同。

◎ 你们有相似的生理需求（食物、空气、水源、温暖）。

◎ 你们对痛苦、恐惧、爱和愉悦的体验是一致的。

◎ 卡亚和你一样，关心所爱之人的安全。

◎ 你们都不愿意伤害任何人。

◎ 你们都通过享用食物、音乐来庆祝，和朋友们度过美好时光。

你能想出你和卡亚其他相似的地方吗？把它们写下来。

研究表明，当你发现自己和他人有更多的相似之处时，你会觉得与他们连接更亲密，并怀有更大的关怀之心。

我们在工作室中做的最有趣的练习，就是让成员分成小组，鼓励他们找出每组的共同点。通常在20分钟内，一组四人或六人可以找到100多处共同点。我发现很难结束这个练习，因为每个人都沉浸其中。找到共同之处使他们彼此更亲近，甚至可能开启终生的友谊。如果今天有人惹恼了你，想想你们之间的共同点吧，你更能理解对方。

意义。某个人对你很重要，到底是什么意思呢？让我们用下面的三个陈述来解释意义的内涵。读完后，选择你认为对你影响最大的一个。

1. 在赫利克斯星云的一颗行星上，洪水造成了20人死亡。
2. 在某个你未曾听说过的非洲村庄，洪水造成了20人死亡。
3. 在你长大的城镇上，洪水造成了20人死亡。

第三项对你的影响最大，因为镇上的人对你最有意义（连接也最亲密）。

意义与共同经验和相互依存有关。我相信你越能够站在别人的立场上，从他们的角度去理解他们，你将在他们身上找到越多的意义。

☺ 选择你生活中的某个人，寻找与其更深的连接和意义，用这些想法来加强你对那个人的关怀心。

姓名:		
连接		意义
相互依赖性 （我们如何依赖彼此）	**相似性** （我们的共同之处）	（什么使这个人对我很重要）

现在你已经理解了关怀的本质，我将分享一些练习，你来试试。

关怀练习

练习1：表达理解，因为你曾犯过同样的错误。

下面哪一项你曾经偷偷地期盼过?

☐ 希望某人的计划落空。

☐ 被引诱去做某些不诚实的事情。

☐ 想要撒谎或者曾经撒谎。

☐ 想一拳揍在某人的鼻梁上。

☐ 说某人的坏话，尽管他没那么坏。

☐ 幻想着别人而不是你的配偶或者伴侣。

如果其中的任何一个或全部回答是肯定的，那你就知道我们所有人都是这样的。其他人正在犯你已经犯过或即将犯的错误，他们正在做你刚做过或者可能会做的事。给予关怀、理解，而不是负面的批判，会帮助他们——还有你自己——共同成长。

练习2：你收获过关怀吗？

下面这些事你经历过哪些？

☐ 6岁时我骑自行车跌倒，有人把我扶起来吗？

☐ 学游泳时我差点儿溺水，有人救我吗？

☐ 我是否收到过他人无言的好意？

☐ 我有没有逃过一两张超速罚单？

☐ 我不在的时候是否有人替我打掩护？

☐ 其他 _____

☐ 其他 _____

☐ 其他 _____

☐ 其他 _____

很有可能你有过上面几个或者全部经历。通过践行关怀，回报你对这个世界的亏欠。

❧ **精神食粮：** 通过践行关怀，回报你对这个世界的亏欠。❧

练习3：拥有关怀之心。

在一次社区演讲中，我被一位中年妇女质疑，她似乎对我所说的一切都不同意。她胡搅蛮缠，我们不知道该如何帮助她。她在考验我的耐心。最后，她安定下来，让我完成了演讲。会议结束我正要离开的时候，她满含热泪来找我。她告诉我，她16岁的儿子两年前自杀了。失去儿子后，她开始排斥一切压力管理项目。我永远不会忘记她带给我的领悟。现在，当我面对不友好的人时，我的第一反应是问，这个人因何痛苦？为什么他的伤痛没有愈合？这两个问题使我走上了一条与从前完全不同的道路，让我更容易找到问题的根源。

☺ 回忆一个生活中某人对你不满的情境，尽量回答这两个问题。

情境：	
1. 这个人因何痛苦？	
2. 为什么他的伤痛没有愈合？	

不断深思，寻求这两个问题的答案，这将使你走上一条更富有关怀之心和更幸福的道路。

关怀：最后几点建议

提前设计

提前做好应对设计，会使关怀变得更容易。让我分享我的一例临床案例。

人物和情境	我见过一位35岁的患者，她被诊断出乳腺癌和甲状腺功能亢进。有人警告我，她对这个世界满心愤懑。她拒绝了所有的治疗，当我问她为什么，她告诉我她不信任医生，然后她开始质疑我的能力
反射性反应	我的反射性反应是从她的治疗中解脱出来，让她一个人去受苦而不投入任何精力。我甚至可以回怼她，让问题变得更糟，这也正是她在其他医疗机构的几位健康咨询者那里曾经遭遇的
关怀反应	谢天谢地，我能够通过延迟判断和表达耐心来给关怀一个机会，我请她告诉我关于她的所有故事。很显然，她有足够的理由不相信医生。她过去经历过缺乏关怀、无能和贪婪。我确认了她的痛苦，并告诉她为什么在这里她不应该像以前一样抱着同样的失望预判。最后，她的不信任变成了信任，她接受了我提出的治疗方案

关怀反应之所以有可能，是因为我记住了这一点：一种表达，如果不是爱，那它就是求助。如果你遇到某人心烦意乱，他就是想说他受了伤，需要你的帮助，这时你的关怀会比愤怒更有帮助。自从我告诉自己，"一种表达，如果不是爱，那它就是救助"之后，我避免了很多可能给他人造成的伤害。公式是：

心烦意乱=受到伤害=求助

下面列出两种方法，你可以选择其中一种。

事件	你的理解	你的反应	结果
某个人心烦意乱	方法A：他受伤了	他在寻求帮助	关怀性反应（治愈）
	方法B：他侮辱我了	我要反击回去	攻击性回应（敌意）

☺ 虽然方法B是常规的反射性反应，但方法A更能代表真实。对经常让你心烦的人，在下面的方框里为他设计你的关怀回应（方法A）。

人物与情境	
预料中当时的反应	
设计的关怀性反应	

就如同你会提前数周或者数月做旅行计划一样，提前设计大脑的关怀之旅，这能使你的关怀反应变得更容易。

每当我忘记给关怀之心一个机会，我都后悔不已。现在我承诺余生都心怀关怀，我知道我会失败，但我也知道这种承诺会让我和其他人更快乐。考虑一下，对自己做出同样的承诺。

靠近正在痛苦的人们

我们都有关怀之心，但是无法像期望的那样表达。在下面的选项中找出自己表达关怀的障碍。

- ☐ 我太害羞了或者感到尴尬。
- ☐ 我不确定我是否会惹恼他人。
- ☐ 我不确定他们是否需要我的帮助。
- ☐ 我不确定我可以做什么。
- ☐ 我不确定我做的事情是否会起作用。
- ☐ 其他 ＿＿＿＿＿＿＿＿＿＿＿＿＿＿＿＿＿
- ☐ 其他 ＿＿＿＿＿＿＿＿＿＿＿＿＿＿＿＿＿

你可以选择：活得像一只贝壳（封闭自己）或着给予关怀。当你回顾一生时，你更有可能因为封闭自己，没有给予他人关怀而后悔，哪怕这种关怀行为让人觉得有点尴尬。当你发现大多数人都在与脆弱的自我做斗争，关怀之心便会油然而生。几乎每个人都愿意接受善意的关怀，没有患者曾抱怨住院期间收到的鲜花太多了。

想一想随意的善行

☺ 随意的善行是一种品尝关怀之心的喜悦行之有效的方法。下面这些行为哪一项你愿意做？

- ☐ 帮陌生人支付通行费。
- ☐ 让他人在我前面结账。
- ☐ 去敬老院和老人们共度一段时光。
- ☐ 到免费诊所做志愿者。

☐ 参加认养公路的组织。

☐ 帮陌生人付款。

☐ 其他 _____

☐ 其他 _____

比起昂贵的礼物，随意的善行更能带来幸福感。作为回馈，每一次随意的善行都可能是一颗引发一种现象的种子。

不要忘记自我关怀

作为成年人，你一定接受过许多关于"我爱你"和"我恨你"的不同表达，估算一下你所接受的那些烙在心底的"我爱你"和"我恨你"的次数。

如果你和我们其他人一样，在收到的所有反馈中，你会把注意力集中在评价最低的评论上，这种本能会让你感到不快乐。如果无法关怀自己，你就不可能关怀别人。

我们来试试下面的方法。你生命中有没有无条件爱你的人？如果有，请在下面写下他们的名字。

这些人相信你是善意的,信任你,不会对你的行为做出负面评价。带着这种观点,用以下方法来练习自我关怀。

☺ 1. 通过信任你、无条件地爱你、知道你心怀善意的人的眼睛,观察和审视你自己。

☺ 2. 用自己的初心,而不是行为的结果来评价自己。

你无法保证出现特定结果,但初心是可控的。

最后:不要推迟爱自己

关怀自己是通向关怀世界之路的入口。关怀自己,从而成为自己一生的朋友。自我关怀不是自负和自大,它是注重自我成长和进步的同时,谦虚地将自己的不完美与自我观念相融合。自我关怀对于维持长久幸福感不可或缺。它将帮助你接纳真实的自己——这将是我们这次旅行的下一站。

每日一试

当你遇见某人心烦意乱,记住,除了爱之外的表达都是在寻求帮助,心怀关怀地回应而不是生气或者指责。

接 纳

理解接纳

我们生活在无尽的未知里：是谁创造了宇宙，为什么？还有多少苦难在等着我们？最直接关心的问题如你还能活多久？这些都无法准确地回答。你可以选择被这些不确定性弄得疲惫不堪、黯然神伤，或者选择拥抱接纳的智慧。

接纳是选择用最广阔的视角看待世界。我们从回答下列问题开始。

哀悼能阻止雪人融化吗？	☐ 能	☐ 不能
我能让某人永生吗？	☐ 能	☐ 不能
网球比赛双方都赢得比赛吗？	☐ 能	☐ 不能
毛毛虫变成蝴蝶后还能保留16条腿吗？	☐ 能	☐ 不能
我成年后还能再长高吗？	☐ 能	☐ 不能
我能改变自己的基因吗？	☐ 能	☐ 不能
我能选择自己出生于哪个国家吗？	☐ 能	☐ 不能
我能选择自己的亲生父母吗？	☐ 能	☐ 不能

我相信，通过回答这些问题，你会发现生活的许多方面是你无法改变的，哀悼无法阻止雪人融化，你也不能选择你的父母或者出生于哪个国家。

对于无法改变的事实，挣扎得越少，你就会节省越多的能量去做可以改变的事情。一种更有效的反应是接纳你不能改变的事情，找出其中的意义并充分利用。

　　我们来看看生活中哪些方面可以掌控，至少是一定程度上的掌控。

我能提高驾驶技术吗？	☐ 能	☐ 不能
我能够降低自己的胆固醇吗？	☐ 能	☐ 不能
我能减肥吗？	☐ 能	☐ 不能
我能够改善自己的情绪状态吗？	☐ 能	☐ 不能
我能够坚持锻炼吗？	☐ 能	☐ 不能
我能改善亲密关系吗？	☐ 能	☐ 不能
我能在爱情中变得更有表现力吗？	☐ 能	☐ 不能

　　或许对大多数问题，你都会勾选"能"。

　　那么，你应该如何处理那些可以改变但目前仍处于有待提高状态的事情呢？思考下面七个方面。

1. 认识到可以改变的方面。
2. 认识到需要改变的方面。
3. 找到改变的方法。
4. 在改变发生前，接受现状。
5. 不要让接纳削弱你改变的努力。
6. 意识到一旦期待的改变发生了，你可能会期待更进一步的改变（即当下的改变可能不足以使你满意）。
7. 明白哪怕倾尽全力，改变也可能不会发生。

　　而且，改变一旦发生，你的大脑极有可能会转而关注其他你期望改变的事情。

下面这句话提供了一种表达改变他人的愿望和接受他人现状之间平衡的方法：你是完美的，但你还可以变得更好。这种陈述听起来似乎自相矛盾。接纳，的确是一个悖论，但它让我们保持信念，同时没有对事实视而不见。它让我们在努力前进时找到一种满足感。这两者都是必要的：你需要满足感，这样你才不会自我否定，才能得到平静和快乐；同时，你又需要不断努力，继续成长。享受美好，并对此心存感激，即使你在努力提升自己，这仍然是帮助你品味成功的同时继续前进的绝佳选择。

> **精神食粮：接纳让我们保持信念的同时不会对事实视而不见，它让我们在努力前进时找到满足感。**

接纳是一种平衡状态。它意味着在过程中投入更多的精力而非为结果烦恼。接纳就是打好手中的牌，并创造性地运用手中的牌。接纳是能够根据生活环境的变化转移你的注意力，享受堆雪人的过程，但当阳光灿烂时，给雪人一个拥抱，同它挥手告别。

接纳的意义

接纳助你与生活共舞，而不是被生活裹挟。研究表明，接纳可以让你节省能量，停止自我斗争，帮助你参与可控之事，引导你专注于享受当下，而不是试图改变它，并帮助改善身体健康状况。例如，接纳可以促进糖尿病管理，帮助士兵应对压力，缓解抑郁或焦虑症状，改善生活质量和生活满意度，帮助袭击受害者解决问题，减轻对大麻的依赖，减轻慢性疼痛，提高婚姻满意度，缓解耳鸣，减轻药物难治性癫痫，缓解皮肤搔抓行为、拔毛症、强迫症、心脏疾病相关症状、慢性疼痛和精神病，同时有助于戒烟。

接下来，我们介绍几种将接纳融入你的生活的方法。

应用接纳

请允许我在讨论接纳练习前再问个愚蠢的问题，假设你正行驶在高速公路上，突然机油灯亮了，你会作何反应?

☐ 关掉机油灯。

☐ 忽略机油灯。

☐ 将车送到修理厂。

你可以选择前两个选项，但它们起不了作用，而且从长远来看可能花费很大。如果你决定将车送到修理厂去，这涉及到两个关键点:

1. **客观性**——你真实地看待事物的能力，而不是基于自己的期待。

2. **主观能动性**——你处理不完美或不尽如人意事件的意愿。

练习接纳需要客观性和主观能动性二者兼具，主要在两个方面进行，即人和情境。

1. 接纳人（他人和自己）	2. 接纳情境
◎ 对平常事心怀感恩 ◎ 不合常理也有意义 ◎ 找到问题的症结 ◎ 问问你自己，真的有问题吗? ◎ 接纳就好	◎ 是我创造了生活中的所有美好吗? ◎ 今天看起来糟糕的事情，明天或许就不一样了 ◎ 以退为进 ◎ 不再热衷于改善一切 ◎ 完成自己的赛程，递出接力棒 ◎ 承认无常是不可避免的 ◎ 五年后这件事还重要吗? ◎ 生活中顺利与失利事件的百分比各是多少?

我们讨论几种可以用于提高你对人和情境接纳程度的方法。

接纳人（他人和自己）

对平常事心怀感恩。想象一下这种情形：你被要求在一周内完成一个困难重重的项目，你取消度假计划，避开孩子们的哀号，全身心地投入工作。熬了几个通宵之后，你终于在星期五的最后期限前完成任务。星期六早上，你的老板打电话给你，他的第一个简评是："蒂姆，你忘记标页码了，下次请记住。"描述一下你的感受。

你觉得老板是不是哪里有问题？是不是他只关注了小瑕疵？如果他能对所有平常的事情表示赞赏和感激，他就会接受这个小小的缺陷，而不会毁了你的周末。这个例子告诉我们不要只关注瑕疵，在提出改进方案之前，先为平常的事情表达感激。

不合常理也有意义。我们来思考一下另一种情况。鲍勃一直受困于注意力缺陷（难以集中注意力），但他心地善良，是一个伟大的奉献者，而且在商业上非常成功。他开过几家成功的公司，但都无法坚持长久。他很容易分心，谈话时他会经常打断你。这些年来，他为家人提供了良好的物质生活条件，但由于他注意力太分散，和他一起生活毫无乐趣可言，和他一起度假就是一场噩梦。然而他拒绝就注意力问题去看医生。

你能从鲍勃的注意力分散中找到意义吗？在下面的空白处写下你的想法。

有没有可能实际上正是鲍勃的注意力缺陷，使他成为了一个成功的商人？反过来，他的注意力缺陷是否也为他的家庭提供经济保障呢？

☺ 在下面的空白处写一项你所爱之人的缺点，并试着找到其意义。

缺点	意义

当你发现意义所在，逆境会成为学习的机会。

找到问题的症结。 你发现你的女朋友辛迪没有一点乐趣或冒险精神，她讨厌烛光晚餐和户外登山，她的卧室晚上亮如白昼。你在考虑和她分手。但昨天你才知道，两年前辛迪遭人绑架，被关在一间黑暗的浴室里，差点遭受暴力袭击，从那以后，她就开始躲避黑暗的地方。这项认知将如何改变你对辛迪的态度？

```
┌─────────────────────────────────────────┐
│                                           │
│                                           │
│                                           │
│                                           │
│                                           │
│                                           │
│                                           │
│                                           │
└─────────────────────────────────────────┘
```

你难道不会变得更富有关怀心、更理解她吗？脱离背景去评判一个人，就如同随意读过某页内容就认定一本书无聊一样荒谬。找到问题的症结，会使你更容易接纳。

🦅 **精神食粮：当发现意义所在，逆境会成为学习的机会。** 🦅

☺ 列出你所爱之人的一个或两个缺点，试着找出合理的缘由。

缺点	合理的缘由

如果找不到合理的缘由，你怎么办？问问你自己，真的有问题吗？

问问你自己，真的有问题吗？ 我们每个人都不同。彩虹有七种颜色，每种颜色都有其位置，如果去掉一种会怎样呢？如果我们都变得一样沉闷无聊，这个世界将平淡无奇。

你有什么良性的怪癖吗？你所爱之人有怪癖吗？试着不用对错评判它们，它们只是不同而已。

列出你亲近的人与你不一样的特质。例如，你填装洗碗机时犹如对待珠宝盒，而他则如同对待垃圾仓库。不要关注意义或者合理性，仅仅试着将其看作不同之处。他只是不同罢了，就这样。

我的风格	我亲近的人的风格

☺ 从差别清单里找出你和你所爱之人的一项特质，下周试着接受它。在接下来的几周里不断补充这个清单。

接纳就好。 最后，你有一张讨厌行为清单，这些行为显然很惹人厌，而且没有合理的缘由。有人在路上拦住你；一位好友忘记了你的结婚周年纪念日；你的配偶忘记启动洗碗机；一位同事发了一封带有严重病毒的电子邮件，感染了你的硬盘……讨厌行为清单可能会很长。你没有主动制造这些麻烦，它们只是碰巧发生了。你可以选择：通过反击反而给它们力量，或者保持接纳的态度尽可能稳妥地处理它们。接纳吧，因为这是一个更好的办法，从长远来看，它会节省精力，免除悲伤。

接纳情境

是我创造了生活中的所有美好吗？到目前为止，你得到了下面哪些礼物或祝福？

□ 我身体一直很棒。

□ 慈爱的父母抚养我长大。

□ 我所住的社区犯罪率很低。

□ 我受到了良好的教育。

□ 我可以自己选择职业。

□ 我的孩子们身心健康。

这些礼物中有很多是你生而有之的，对于你来说完全不可控制。如同你不能期待每件事都有好结果，你也不能阻止任何事情变坏，唯一的选择就是接纳这样一个事实，期待和不期待的事情都会成为你生活的一部分。你得选择利用好手中的牌，因为不这样做你剩下的唯一选择就是离桌。

今天看起来糟糕的事情，明天或许就不一样了。我从未怀疑，生活中的某些小挫折曾挽救了我的生命。我们的大脑分不清美好和愉悦，事实上很多情况下，短期内愉悦的事从长远来看是有害的，反之亦然。我经常问工作室的来访者，你的挫折是否孕育了未来的潜在成长？超过80%的人回答"是的"。有时候，挫折可能正是来自上天的保佑。有人同我分享了一个故事。20世纪60年代，他在西海岸做酒保。他工作时间很长，但报酬很低。1964年3月1日，结束了繁忙的一天，他计划去内华达州的塔霍湖过周末，但他误了飞机。他既生气又失望。第二天早上，他醒来时听到了灾难性的消息：他计划乘坐的飞机由于暴风雪而坠毁，机上85人全部遇难。他的几位好友在那场空难中丧生。

你能说说逆境或挫折如何帮助你成长吗？

逆境或挫折	如何帮助你成长

以退为进。假设你要登山，下面哪一条是更现实的路径？

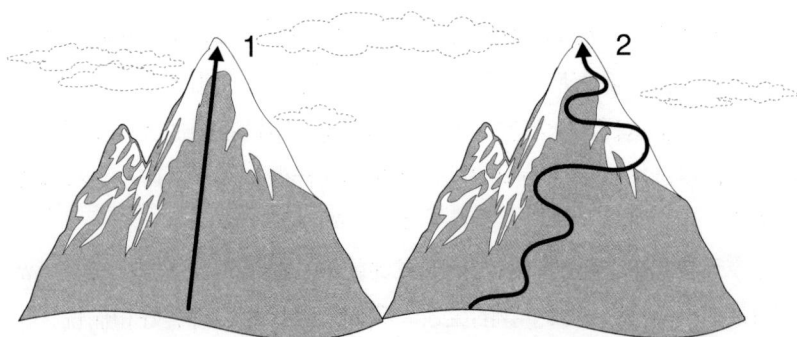

是不是图2？登山从来没有笔直的路径，向上爬几步，然后就得旁移几步，甚至朝下走一点来找到合适的地形落脚。如果不走这条更长的路线，甚至可能会滑落到起点；更糟的是，你可能会受伤。记住：后退是为了更好地前进。

☺ 想象生活中以退为进的情境。

☜ **精神食粮：后退是为了更好地前进。** ☞

不再热衷于改善一切。 你是否遇到过极难取悦的人？如果有，你认为他们难以取悦的原因是什么？在下面的空白处分享一下你的想法。

我认为他们在努力纠正每个人和每件事。当看见美丽的落日，你可能会听到他们说："亲爱的，落日看起来很棒，但是如果能更粉一些，那就更好了！""那孩子看起来真可爱！但她的鼻子太像我岳母的鼻子了！"我希望这些都是夸大其词。

请记住：在改善的欲望和对美好事物的欣赏之间做出平衡，不再热衷于改善一切。并不是每件事都需要改进，当然也不一定要由你来改进。多体验，少评价。

☺ 确定一项近期安排的活动，比如聚会、旅行或其他事件，承诺自己在这个过程中保持耐心、不评判，选择去体验活动本身。

🌾 **精神食粮：在改善的欲望和对美好事物的欣赏之间做出平衡，不再热衷于改善一切。** 🍃

完成自己的赛程，递出接力棒。接力赛是奥运会上的热门项目。四名运动员组成一队，每人跑四分之一的赛程。第一名运动员把接力棒传给了第二名，第二名传递给第三名，第三名传递给第四名。第四名运动员结束比赛。

如果有一天，队里跑得最快的人决定他要跑完全程，会怎么样？这能帮团队赢得比赛吗？答案是否定的，因为比赛规则要求四名选手要平等地参加比赛。这场比赛关乎团队合作、协调和多位天才队友。

当你试图激励别人改变时，请记住这个比喻。你只能跑自己的赛程。一旦你把接力棒递给下一个人，那就是他的事情了，结果取决于他的努力、动机和运气。不论你如何期盼，你都无法左右事情进展。

承认无常是不可避免的。不仅牛奶会过期，我们每个人都一样，这就是生命的短暂。一个人的平均寿命约为30 000天。100年后，今天活着的人几乎都已离世，你和我都会长眠于地下。这就是残酷的现实。

对于生命的短暂，你现在的心态如何？

☐ 我无法接受生命的短暂。
☐ 我可以接受生命的短暂，但是有抵触。
☐ 我完全接受生命的短暂。
☐ 我压根儿没有想过生命是短暂的。

持续和生命的短暂对抗只会引发恐惧，延迟幸福。另一方面，接受生命的短暂有许多好处，它会减少恐惧，节省精力，激励你更彻底地融入生活。你可以选择：与生命的短暂斗争，郁郁寡欢；或者接受生命的短暂，发现更深刻的平和。

你或许会说，现在的生活是美好的，我身体健康，有良好的亲密关系，经济安全有保障。为什么要考虑生命的短暂，陷入悲伤？

我相信这有一个很好的解释。当你意识到你只剩下几千个晚上可以和你所爱的人一起度过时，你会变得更加和善。你不会说："我为什么要充分享受当下？我有的是明天。"当你意识到你只是地球上的匆匆过客，你就会选择风景更优美的路线。如果你享受当下，你将此生无憾。

我遇到过几位重病患者，在生命的最后六个月里，他们度过了一生中最美好的时光。这是因为一旦他们意识到并接受生命的短暂，他们便乐意变得宽容，品味当下的每时每刻，放飞自我。每一天的经历都是愉快的，他们的大脑一直处于专注状态。你可以学习他们的智慧并照做，这会让你更快乐。

> ✍ **精神食粮**：当你意识到你只是地球上的匆匆过客时，
> 你就会选择风景更优美的路线。✍

问问自己：五年后这件事还重要吗？ 下面的哪些事在过去的5～10年曾经发生过？

☐ 我收到过病毒邮件。

☐ 我收到过违章停车或者超速罚单。

☐ 我曾受到过粗鲁或者不公平的对待。

☐ 我在乎的人忽略了我。

☐ 我投资时赔了钱。

☐ 我必须面对一个懒惰或粗心大意的人。

☐ 其他类似的不愉快经历 _____

_____

_____

在过去的10年里，我经历了上面提到的所有事情。早些年，其中的任何一件都会毁掉我的生活，但现在，我会竭尽全力去给出一种不同的反应。我将经历本身缩小，尝试从更广阔的视角去看待它，将镜头拉远，不愉快看起来那么渺小，毫无力量。在这个场景里我问自己的关键问题是：五年后这件事还重要吗？

问问自己，这些经历中还有哪些每天仍然在你脑海中盘旋？如果没有，那么当你再次经历逆境时请记住这条箴言：如果五年后它将不再重要，那么今天它也不重要。

你无法避免所有的逆境或者与之相关的消极思想，但你可以选择不让这些想法在你身上生根发芽，你可以选择成为一个更快乐的人，并且将幸福变成一种习惯。

☺ 今天就致力于此：试着扩大你对不完美的接受范围。就在今天，不要让任何五年后不重要的事情在今天变得重要。

生活中顺利与失利事件的百分比各是多少？ 扫描你的大脑硬盘，回顾你的整个人生，然后回答这个问题。

我的生活中顺利事件的百分比是多少？

☐ 小于50%。

☐ 50%～75%。

☐ 76%～90%。

☐ 大于90%。

大多数人选择"76%～90%"或者"大于90%"。如果这是事实，为什么我们没有像我们应该的那样快乐呢？我认为这是由于我们倾向于关注缺憾，同时相较于美好的事情，糟糕的事情会留下更强烈、更持久的印记。认识到你大脑的这种怪癖，通过培养深刻的感恩来克服它，因为最深层次的感恩将通向接纳。

在阳光明媚的日子外出时，你会涂上防晒霜。防晒霜可以让你免受紫外线的伤害，尽情享受美好的一天。接纳就如同防晒霜，帮助你适应生活中的有限性、不确定性和失控，使你更好地融入生活。

🌾 **精神食粮**：接纳就如同防晒霜，帮助你适应生活中的有限性、不确定性和失控，使你更好地融入生活。🐚

接纳：下一步

在本节的开头，我提到了生活的两个方面：可以改变的事情和无法改变的事情。让我们把已经讨论过的方法应用到这两方面，当然并不是所有的方法都适用于每一种情况。还记得雪人融化的例子吗？用你对接纳的理解来重新构建你生活的其他方面。可以随意地每次构建一个方面，在接下来的几周里再转向其他方面。

☺ 接下来，试着用下面表格中的一个或多个想法来重新构建你生活中可以改变的方面，注意，并不是所有方法都适用于你的生活。

我希望这能帮你理解接纳的理论和实践。接纳不是一件容易的事，它需要付出终生努力，但它的确值得我们这样做。在通往人生最高意义的旅途中，它会帮你找到更多的幸福。

每日一试

下次遇到不可改变的意外时，思考一下你如何充分利用当时的情境并从中找到意义。

无法改变的事情：
◎ 接受无法改变的人和事
◎ 接受他们本身
◎ 找出其中的意义
◎ 充分利用情境本身

生活的方面	接纳想法
雪人会融化	做雪人的雪花融化了，这是自然规律 快乐源于欢聚的时光，而不是雪人长存 享受和雪人在一起的时光 当雪人融化时，感受阳光的温暖，而不是哀悼雪人
没有人可以永生	
网球比赛双方选手不可能同时获胜	
毛毛虫去掉了多足才变成了蝴蝶	
成年后你无法再长高	

你无法改变基因	
你无法选择自己出生于哪个国家	
你无法选择自己的亲生父母	

可以改变的事情：
◎ 找出可以改变的方面
◎ 找出需要改变的方面
◎ 找到改变的方法
◎ 在改变发生前，接受现状
◎ 不要让接纳削弱改变的努力
◎ 意识到一旦期待的改变发生了，当下的改变可能不足以使你满意
◎ 明白哪怕倾尽全力，改变也有可能不会发生

生活的方面	接纳想法
我能够提高驾驶技术	我的驾驶技术不赖，但还可以更好 我不应该在开车时打电话 我应该多注意交通状况 我应该为通勤安排足够的时间 我可以不断地提高驾驶技术
我能够把自己的胆固醇降下来	
我能够减肥	
我能够改善自己的情绪状态	
我可以开始运动	
我可以改善亲密关系	
我可以在爱情中更具表现力	

意　义

理解意义

孩子们和苏格拉底有一个共同点：问很多"为什么"。这里有一个例子，是我和一名三年级学生之间关于"为什么"的对话。

三年级学生："我为什么要喝牛奶？"
我："这样你才会强壮。"
三年级学生："为什么我要变得强壮？"
我："这样你就会长成一个大姑娘。"
三年级学生："我为什么要长成一个大姑娘？"
我："这样你就可以做大事了。"
三年级学生："我为什么要做大事？"
我："这样你就可以帮助他人了。"
三年级学生："我为什么要帮助他人？"
我："这样你会令他们开心。"
三年级学生："我为什么要让他们开心？"
……

这些对话的大部分都递增指向更高层的意义。
我们试着通过以下三个关键问题来理解意义：

1. 我是谁？
2. 我为什么存在？

3. 世界是什么?

寻找意义就如同在浓雾中前行,你只看到前方10英尺(约3米)远,然而,当你走过这段距离,你会开始看向下一个10英尺,以此类推。

我认为,这三个问题的参考答案是"占位符"(人生意义是可以改写的)。我十分确信,当你选择在人生道路上积累经验时,浓雾会消散,你会找到更好的答案。

我是谁?
想象一下你需要写一篇关于自己的小短文。你会怎么写?

或许你会聊聊亲密关系、工作、爱好、国家和信仰。

如果你需要告诉赫利克斯星云里的居民们关于你自己的事呢?这些生物距离我们650光年远,他们对我们的太阳系一无所知,他们甚至不知道人类是什么。你的亲密关系、国家、种族、工作、信仰——这些都

译者注:占位符是计算机用语,指先占住一个固定的位置,再往里面添加内容的符号,广泛用于计算机中各类文档的编辑。

对他们没有任何意义。你会怎么讲?（这次我留下的空白小了一些，因为你可能没那么多话可说。）

我认为有两件事超越了年龄、种族、性别、国家、宗教，甚至超越了地球和太阳系:奉献和爱。你和我都是奉献和爱的化身，我们做的每一件事都符合这两个词的内涵。

你是谁和你在做什么这些细节是方式，奉献和爱是意义，你所有的方式都指向这个意义。方式会变，但是意义不变。只要你在奉献和爱，你就是在回报大自然的恩赐。你的一生好比盛载奉献与爱的糖果罐，你所扮演的每一个角色就是罐中的糖果。

精神食粮：有两件事超越了年龄、种族、性别、国家、宗教，甚至超越了地球和太阳系：奉献和爱。

我为什么存在？

我们的生活很复杂，与周围人的关系不断变化，随之而来需要我们优先处理的事务也在不断变化。在下面的空白处，写下你愿意为他人做的或希望做的有意义的事情。

对爱人	
对朋友	
对邻居	
对同事	
对客户和顾客	
对其他人	

你可以像我们刚才在"我是谁"的练习中那样，把所有的主题联系在一起吗？

一个简单的方法就是：你的存在是为了让你所在的世界的某个角落变得比你发现它时更好一些。认领世界的一个角落，成为它的幸福长官。

将这个世界看作一幅巨大的画布，你拥有一个小角落来作画。用你的画笔和颜料，尽量画一幅美丽的画。希望你的作品能激发他人的灵感，从而让他们在现在以及将来竭尽所能来描绘自己的世界。肩负这项意义，每一天都会过得充实。

世界是怎样的？

你几岁上幼儿园？从那时起，发生了很多变化。如果可能，看看你幼儿园时的照片，那时的你是多么天真（和无知）。

这些年以来，几乎每天，你呼吸大约2万次，心跳大约10万次。呼吸和心跳是支撑你大脑的引擎，使得大脑能够做美妙的事情，迸发奇妙的想法。

除了保证你的安全，你的大脑还在一直做什么？学习。每天你的大脑都会发生一点变化，这取决于你的经历和你给它呈现的新信息。

你对世界的理解就是你的整个世界。在幼儿园，整个世界就是玩（偶尔的休息除外）。然后，责任、伤痛、考验和人际关系纷至沓来，所有这些都为你提供了学习的机会。世界不就是一所伟大的学校吗？

以下是我把这个世界看作一所伟大的学校的部分原因，选择你认同的选项。

☐ 这个信念帮我更好地处理逆境，因为我将逆境看作一个学习的机会。

☐ 它使我变得更睿智，因为我从中吸取教训。

☐ 它使我保持谦逊，因为我知道我一直是个学生。

☐ 它使我直面生活，因为我不再逃避自己的脆弱。

☐ 其他 _____

☐ 其他 _____

☐ 其他 _____

总结一下这三个问题：

我是谁？	奉献与爱的化身
我为什么存在？	为了让你的世界更幸福、更友爱
世界是怎样的？	一所伟大的学校

你大多数的意义表现在三个领域：人际关系、工作和精神世界。我们分别了解一下。

人际关系

我相信你生命中一定有一个人，他对你的价值超过1万亿美元，你也有同样的价值——你就是无价之宝。这个世界上最重要的资产是人——你和每一个与你有关的或者无关的人（我相信世界上每个人都与你和我有关）。1970年4月17日，尽管登陆月球的任务失败，美国宇航局的任务控制中心依然向坠落的阿波罗13号全体机组人员发来祝贺，因为比起美国宇航局使航天员安全地返回，登月任务失败实在算不了什么。

下面的问题我问过许多人：如果知道自己活在世上的时间只剩1分钟，你会做什么？两个最普遍的答案是：

◎ 我会给所爱之人打电话，告诉他们我有多么爱他们。
◎ 我会祈祷。

你会怎么回答这个问题呢？在下面表格中写下答案。

如果我活在世上的时间只剩1分钟，我会做什么？	

澳大利亚姑息护理护士布朗尼·韦尔（Bronnie Ware），请人们在生命的最后12周里分享他们的最大遗憾，前五项中有三项都与人际关系有关：

1. 我宁愿我未曾这么拼命工作（错过了孩子的童年和伴侣的陪伴）。
2. 我希望我曾经有勇气表达自己的感受。
3. 我希望我一直和朋友们保持联系。

另一个重要的遗憾是，我希望我能让自己更快乐。许多人后悔不知道幸福是一种选择，他们依旧陷于以往的生活模式中。

你瞧，人际关系对我们的幸福何其重要。在一个"线上好友"远超过我们维持能力的世界里，我们如何知道哪些人对我们的人际关系最有意义？

这里有一个测试。假设你中了1亿美元的彩票，想一想哪些人符合这两个标准：

1. 他们真心地为你感到高兴。
2. 他们不会指望得到一分钱。

———————

译者注：姑息护理指对患病后无法治愈者的一种积极的、功能整体性的护理，主要是控制疼痛和其他症状，处理心理、社会、精神等方面的问题。

这些人才是你核心圈子的成员，他们祝愿你一切顺利，不带任何自私的动机。让我们列一个通过测试的最亲密的人员名单。

成员姓名	关系	我们上次联系的时间

如果只有一两个符合这些标准的成员，你也不必感到惊讶，他们可能不是你的直系亲属，而且你可能已经有一段时间没有联系过他们了。在第8周里，我将介绍几种方法，帮助你培养和增强与这些特别人员的关系。

工作

你通过工作为世界服务，你的工作是回馈社会的礼物，你做的事情会让世界变得更美好，人们更快乐。

工作包括许多方面，你可能是一名商业主管、家庭主妇、门卫、政治家、牧师、儿童保育员、教师、照看婴儿的老奶奶——所有这些角色都为社会做出了积极的贡献。社会的回馈可能不同，这取决于社会如何看待你所做的事情。香料生意可能使你在21世纪初成为百万富翁，而职业表演或者踢足球却不会获得太多报酬。如今，社会对这些角色的价值判断已经发生了改变。

这里的经验是：不要只通过金钱来衡量你所做事情的价值，而应根据它对你的意义和是否让世界变得更和谐，人们更幸福来衡量。

〰️ **精神食粮：不要只通过金钱来衡量你所做事情的价值。** 〰️

我们来看看你是如何看待自己工作的。如果可以，选出唯一的选项。

- ☐ 工作就是件麻烦事。
- ☐ 它沉重烦琐。
- ☐ 工作就是为了赚钱付账单。
- ☐ 它是一项职责。
- ☐ 对待工作我充满热情。
- ☐ 我很荣幸能做我现在的工作。
- ☐ 我的工作是我的使命。
- ☐ 我的工作是我梦寐以求的。

你觉得生活中需求和资源越不平衡，越是失去控制、缺乏意义，你就越有可能把你的工作看成是麻烦事或苦差事。在本节的后半段，我会介绍几种办法，来帮助你在工作中体验到热情、荣幸、使命和梦寐以求。

精神世界

关于精神世界的定义数不胜数。它可归结为你所敬畏的东西，你对待他人的方式和你的信仰。我们来盘点一下你认为的精神世界：

☐ 热爱自然。

☐ 富有意义的工作。

☐ 无私的奉献。

☐ 相互滋养的关系。

☐ 当下的时刻。

☐ 信奉上帝。

☐ 践行我的信仰（祈祷、习俗、礼仪）。

☐ 践行我信仰的原则（感恩、关怀、接纳、宽容）。

☐ 其他 _____

☐ 其他 _____

☐ 其他 _____

所有这些都可以被认为是精神上的。无论何时，只要你将生命和这个世界视为神圣的，待之以优雅和荣誉，你就是在体验并实践灵性。遵循伦理道德就是最伟大的灵性修行。

> 🌿 **精神食粮：遵循伦理道德就是最伟大的灵性修行。** 🌿

意义的意义

每一秒钟，世界上有五名婴儿出生。我在产房里度过了无数个小时，既作为守护者又作为家长。婴儿刚一出生，每个人都渴望听到响亮的啼哭。对爸爸妈妈和医护人员来说，新生儿的哭声比最甜美的金丝雀的歌声更令人愉快和有意义。

快进到三个月后。现在是凌晨2点，你疲惫不堪，眼睛因睡眠不足而肿胀，但你的小宝宝尿湿了尿布而且饿了，她也在哭——声嘶力竭。现在她的哭声听起来怎么样？比锤子打你的头还要糟糕，对吧？同样是哭声，但哭声的意义变了。

意义改变一切，积极的意义使困境变得有价值，它甚至可以让困境充满幸福。能够找到积极的意义是韧性的标志。有研究显示，能够找到意义有助于你更健康、更快乐、更专注——有更好的应对能力，更低的焦虑、抑郁和压力，提高生活质量，更少的愤怒，更大的成功，更好的人际关系。

☺ 能够认识到更深远的意义，特别是在困境中，你的生活就越有效率，越快乐。我们来看看你是否能够在一次或者两次不愉快的经历中加强意义所在。问问自己，逆境是否能阻止事情变糟？逆境是否能帮助你成长？

逆境	意义

维克多·弗兰克尔（Viktor Frankl）的话闪耀着真理的光辉："苦难在找到意义的那一刻，便不再是苦难。"

译者注：维克多·弗兰克尔生于1905年奥地利维也纳一个贫穷的犹太家庭，是维也纳第三心理治疗学派—意义治疗与存在主义分析（Existential Psychoanalysis）的创始人。

应用意义

下面的观点体现了我对于三个问题的理解——我是谁？我为什么存在？世界是怎样的？——涉及三个领域：人际关系、工作和精神世界。这里的重点是工作和精神世界。人际关系将在第8周讲到。

工作

工作时对待服务对象要如同对待家人。我曾在印度和一位杰出的临床医生一起受训，他是我见过的最有天赋、最尽责的医生。他的诀窍是：对待患者如同对待自己的亲人。

连接带来关怀，而关怀增进良心，反过来，良心又影响着注意力和能力。我还从未见过富有关怀之心却没有能力的人。

☺ 培养关怀之心是获得能力的途径。我们来看看你能否将其应用到生活当中。

我的工作性质是什么？	
我在为谁服务？	
我能否将我的客户视作亲人？是何种关系的亲人？	
如果我认为我在为亲人工作，这个信念会提升我的工作效率吗？如何提升的，为什么？	

进行创新和改革，就如同你的子孙将使用你的产品，这很可能是真的。蜜蜂和蚂蚁都能用它们的小脑袋实践这个简单的想法，我们也可以。这个信念将帮你创造出更好的产品——不仅是那些吸引眼球、给你带来金钱和成功的产品，而且是真正有意义的、使世界变得更加美好、人们更快乐的产品。

> ∾ **精神食粮**：工作时，对待服务对象要如同对待家人。∾

谦逊：少担心谁能得到荣誉。在每个工作场所，你都可能遇到一些已经掌握了钻营艺术的人，他们清楚地知道如何获得荣誉。尽管这样的人有时可能会成功，但他们不会升华成为伟大的人。可靠的研究表明，最伟大的领导者是热情和谦逊的结合体。他们并不想上头条，他们在工作过程中获得激励——一个完美的设计、给客户一次贴心服务——而不是被成功和名声所驱动。如果你喜欢为别人做事而不在意谁能得到荣誉，那么就好好享受吧。

谦逊经常被误解。你认为下面哪种观点能够阐释谦逊呢？

□ 允许他人欺负我。
□ 准确的自我认知（明白自己的强项和弱项）。
□ 贬低自我价值。
□ 对新观点持开放态度。
□ 习惯性自我否定。
□ 平衡自己和他人的需求。

如果你选择"准确的自我认知"，"对新观点持开放态度"，"平衡自己和他人的需求"，那你就是正确的。谦逊是低自我关注，而不是低自尊；谦逊是力量的象征而非软弱无能。

谦逊的人乐于体验。他们愿意从失败和成功中学习经验；他们不会因表扬而膨胀，也不会因批评而崩溃；他们能够保持平和，作为领导或是作为团队的一员都感到一样舒适。

谦逊还有几个额外的好处，这是我认为的排前三位的，看看你能不能再加一两个。

1. 谦逊带来自由	当你是谦逊的状态时，你会感到安全，不必承担维持自我膨胀状态的负担。谦逊的反面是自恋。自恋者自我感觉受损，必须不断地保护自己，他或她会先发制人地攻击他人
2. 谦逊和善良富有感染力	他人会从你身上学到谦逊的特质。当你谦逊和善良，别人在你身边会觉得很舒服。他们发现没有必要保卫自我，因为他们没有感到威胁。结果：当和你在一起时，他们也变得谦逊和善良
3. 谦逊带来成功	自我意识、他人意识、自我关怀和他人关怀是情商的四个关键组成部分。一个真正谦逊的人拥有全部。研究表明，职业成功与你的情商紧密相关，反过来又与你的谦逊密切相关

谦逊还有一个好处：怀谦逊之名，少嫉妒之源。在我们的社会里，嫉妒不是我们经常谈论的情感。我相信嫉妒和愤怒一样具有破坏性。事

实上，许多愤怒、仇恨和厌恶都始于嫉妒。嫉妒挤占了原本属于爱的空间。请专注于别人付出的努力而非他获得的成功。专注于他人的辛勤工作和奋斗，这会激励你，享受别人的快乐也会让你更快乐。

下一个问题是，你如何培养谦逊的品质？这里有一些观点，选出你同意的选项。

☐ 了解自己的优点和缺点，接受它们。

☐ 对批评保持开放心态。将自己看作一名终身学习者，融入生活这所学校，一直坚持学习。

☐ 听取别人的观点并试着完全理解他人，哪怕他们和自己的意见不合。

☐ 照顾他人的需求和爱好。

☐ 信赖他人，如同他们信赖我。

最后一点是最重要的，谦逊来自于自我的安全感，这种安全感来自于坚信自己被爱和被接纳。理想情况下，你希望这种爱和接纳来自于所有人——你的配偶或伴侣、父母、兄弟姐妹、朋友、同事、老师、邻居、雇主、雇员和整个世界。但如果某些方面缺乏这种情感，那就多关注仍然流动的情感源泉，把你脑海里的宝贵空间留给那些善良、有意义的人。

如果你今天没有感受到伴侣的爱意，但是感受到与朋友、父母、孩子、祖父母、邻居或同事更深的连接，那就把你的角色定位在后一种关系上。这将有助于你培养更健康的自尊，并为你提供更多的平和与幸福感。希望你的伴侣能从他或她的黑洞中恢复过来，对你付出更多的善意，这样你就可以在彼此的关系中给自己定位。

精神食粮：如果你喜欢为别人做事而不在意谁能得到荣誉，

那么就好好享受吧。

找到工作的乐趣。我们每天都会为娱乐活动付费：电影、戏剧、舞蹈演出、棒球比赛。工作也能成为娱乐吗？

想象一下，有一天你财务自由不再依赖每月的薪水了，你会继续工作吗？如果是的话，当钱不再是问题，你会做什么？如果你想做的事情和你现在所做的一样或相似，那你拥有了世界上最好的工作。

让我们把它提升到下一个层次。如果你要付钱才能工作，你继续吗？如果你能回答"是的"，那么你的工作的确就是你的热情、荣幸、使命和梦寐以求。

你和我需要薪水来养活自己和家人，但如果我们能在工作中找到更大的意义和乐趣，那么它就可能和我们最喜欢的娱乐一样有魅力。为了保证工作质量，你必须做出一些妥协。

愿意妥协。对于理想的工作，我寻找这七种特质。勾选适合你的选项，记录下我漏掉的。

我的工作：

☐ 挑战自我。

☐ 提供成长路径。

☐ 带来积极意义。

☐ 提供公平的补偿。

☐ 有可预测的回报。

☐ 允许我进行最佳控制。

☐ 代表了我是谁。

☐ 其他 _____

☐ 其他 _____

☐ 其他 _____

要认识到工作场所都是动态的，它有自己的个性和可变的部分。上面这些理想状态不太可能一直得到满足，所以如果你愿意做出一些妥协，你会更快乐。

问问自己，从现在开始，我想做的两份工作是什么？如果恰好是你今天所做的，你的工作就已经很好了。

无论做什么，请记住你的工作确实有更大的意义。

☺ 我们来试着将你的工作与更大的世界联系起来：你的家庭、公司、社区、国家和地球。结合我们刚才列出的特点，通过下面的练习，描述一下你是如何在工作中获得更大意义的。

我的工作对家庭的贡献是什么？	
我的工作对公司的贡献是什么？	
我的工作对社区的贡献是什么？	
我的工作对国家的贡献是什么？	
我的工作对地球的贡献是什么？	

*如果你是家庭主妇或家庭主夫，你的家庭就是你的公司。

当你对自己的工作感到消极时，想想这个更高层次的意义。它可能会将你从消极的旋涡中拯救出来，帮助你找到继续工作的精神支柱。

精神世界

理解你自己的精神世界。热爱自然、富有意义的工作、无私的奉献、相互滋养的关系、当下的时刻、践行我的信仰和践行我信仰的原则都是精神上的意义。

为了理解你的精神世界，在下面三组里，就精神世界的每个方面分类总结自己的观点。

精神领域	完全相信	不确定	完全不相信
热爱自然	☐	☐	☐
富有意义的工作	☐	☐	☐
无私的奉献	☐	☐	☐
相互滋养的关系	☐	☐	☐
当下的时刻	☐	☐	☐
信仰上帝	☐	☐	☐
践行我的信仰	☐	☐	☐
践行我信仰的原则	☐	☐	☐

开辟精神境界之路。

☺ 基于此项理解，你能想出几种提升精神境界的方法吗？选择三个你完全相信的领域。首先，我将提出一些与自然有关的想法。

精神领域	提升此领域精神境界的方法
热爱自然	花更多的时间与自然相处 循环再利用 种树 减少能源消耗 为关爱自然慈善机构捐款

精神领域	提升此领域精神境界的方法

每当你在努力中注入无私，认为这个世界的存在是神圣的，并且专注于为更多的人做最好的事情时，你就拥有了一种崇高的精神体验。

以更高的原则生活。 过精神和道德上的生活是最高层次的精神实践，践行感恩、关怀、接纳和宽容是美德的基石。本书中列出的方法可以帮你将这些融入生活中。

☺ 研究表明，我们都容易受到不诚实的影响。试着道德高尚地生活一周。关注良心是如何驱动你的思想、语言和行为的，是如何带来更大、更持久的快乐的。找出你觉得舒服的想法并承诺照此行事，可以补充一些你自己的想法。

本周：

- □ 不做不能兑现的承诺。
- □ 讲真话，哪怕是最小的事情。
- □ 不用双关语隐藏事实。
- □ 友好对待他人。
- □ 不暗地里诅咒他人。
- □ 除非必要，不批评他人。
- □ 不浏览不雅网站。
- □ 在限速范围内驾驶。
- □ 不浪费水或其他资源。
- □ 对依赖我的人友好，比如同事和我的孩子。
- □ 对电话推销员讲话温柔。
- □ 不讲粗话，哪怕在脑海里。
- □ 接受他人的精神世界。
- □ _____
- □ _____
- □ _____
- □ _____

体验精神世界不会导致谷仓效应。接纳他人是一种深刻的精神体验。

译者注：谷仓效应指企业内部因缺少沟通，部门间各自为政，只有垂直的指挥系统，没有水平的协同机制，就像一个个分开的谷仓。

❦ 精神食粮：接纳他人是一种深刻的精神体验。❦

意义：进一步理解

下面我将介绍两个多年来对我帮助非常大的关于意义进一步的理解。

意义是有情境的

今天对你有意义的事情可能对别人没有意义。此外，昨天对你有意义的事情今天可能没有多大意义。例如，也许你已不在乎曾经喜欢的毯子或者曾在喝牛奶比赛中赢了你表妹。问问自己，下面的哪些经历是曾经对你有意义，但现在不再有意义的？

经历	曾经非常有意义	不再有意义
牙仙子的到访	☐	☐
为圣诞老人的驯鹿准备胡萝卜	☐	☐
向他人展示自己能跳多高	☐	☐
在棋类比赛中获胜	☐	☐
被称赞是个大姑娘或大小伙子了	☐	☐
坐在汽车前排	☐	☐
其他	☐	☐
其他	☐	☐
其他	☐	☐

译者注：牙仙子，美国文化中专管儿童牙务的仙女，专门收集小孩子换牙时掉落的牙齿。

下一次当你因自己被忽略或错过某次经历而生气时，问问自己，在我的情感和精神成长之路上，这是否是另一个不会干扰我的小问题呢？

终极意义是难以完全理解的

我们当下的意义体现在过程中，而不是在伟大的结局中。生活的终极意义，只有在你意识到之前及随后发生了什么时，才能被理解。在这个意义显露之前，每天心怀奉献和爱生活，制订一个让自己的世界更快乐、更善良的目标，明白世界就是一所巨大的学校，这些都会给你带来安全的意义。这样的意义会让你更快乐，更有韧性。

希望你能找到生活的终极意义。

每日一试

考虑三个问题的意义——我是谁？我为什么存在？世界是怎样的？——从关系、工作和精神世界的角度想一下，什么使你的生活充满意义。

宽 容

理解宽容

与身体的其他器官不同，我们的大脑没有清除废物的天然系统，伤害会变成亟待解决的问题和注意力黑洞堆积起来。感恩美好、关怀苦难、接纳缺憾、专注生命更高层次的意义，都能减轻生活中的伤痛。但有一种方法可以永久地化解所有伤痛，那就是宽容。

宽容是一种自愿的选择。这意味着尽管知道并接受了不良行为的发生，你还是选择放下愤怒和怨恨。宽容就是选择更高尚的道路，以原则为动力，过一种更有思想的生活。下面这些描述你同意哪些?

宽容是:

☐ 一项自愿的选择。
☐ 依据自己的原则生活。
☐ 我给他人的礼物。
☐ 选择更高尚的道路。
☐ 践行善良。
☐ 遵守我的家庭和文化的价值观。
☐ 为了我自己。

宽容不是:

☐ 忘记错误。
☐ 允许错误继续。

☐ 为错误找借口。

☐ 否认错误。

☐ 允许他人伤害我。

☐ 不得不放弃法律援助。

思考这些方面，你是否同意宽容能够帮助到你而不使你受到伤害？

宽容的意义

愤怒、怨恨和敌意都有导致焦虑、抑郁、敏感、睡眠问题、高血压、心律失常和心脏病发作的风险。

另一方面，宽容有许多益处。通过宽容，你可以感受到健康状况改善、节省精力、拥有更良好的关系，并为其他人，特别是孩子树立榜样。这只是宽容益处的一部分，找出你同意的观点，并添加你自己的想法。

☐ 宽容能增进我的身体健康，它能改善血压，降低心率，提高免疫力。

☐ 宽容能够通过改善睡眠，降低焦虑、抑郁和压力水平，增进心理健康。

☐ 宽容能够改善我的人际关系。

☐ 宽容能够帮我节省精力。

☐ 宽容能够让我集中注意力。

☐ 宽容使我自我感觉良好。

☐ 宽容让我的生活有更高的精神境界。

☐ 宽容能增强我的信仰。

☐ 宽容能使我更快乐。
☐ 其他益处 _____
☐ 其他益处 _____
☐ 其他益处 _____

应用宽容

宽容不是人类心灵的天性，做到宽容并非易事。这座山如此难以攀登，有以下几个原因，选出你同意的选项，并添加你自己的理由。

☐ 世俗认为宽容是一种软弱。
☐ 宽容别人对自己的伤害似乎不公平。
☐ 人们害怕因宽容而遭受到伤害。
☐ 人们觉得他人不配得到宽容。
☐ 人们觉得宽容会让其丧失权利。
☐ 想到报复会激活大脑的快感中枢。
☐ 其他 _____
☐ 其他 _____

宽容和锻炼身体一样是有意为之的。因为计划复仇会激活大脑的快感中枢，你需要付出相当的努力才能做到宽容。为了宽容，你需要：

◎ 找到可宽容之人。
◎ 成为一位更有效率的宽容者。
◎ 找到宽容的意义。

这里有五个角度和九条宝贵的建议帮助你开启宽容之旅。如果你觉得宽容很难，试着把自己想象成宽容流经的通道，而不是把自己看作是宽容的源泉。对于看似不可原谅的伤害，你可能需要一名执业的心理健康专家和你信任之人的陪伴，和你一路走下去。

通向宽容的五个角度

1. 天真无邪

想象一下，你正弯腰去捡家里地板上的东西，突然，有人从侧面冲向你，用一只手扯住你的脸颊，直到你的脸变形。这让你有什么感觉？

你应该不会写下诸如狂喜、极喜、愉快这样的词，对吗？

如果你写下了生气、抓狂或心烦，让我揭晓那个人是谁。她是你9个月大的女儿或孙女，她情绪高涨地爬到你面前。你还生气吗？

当你认为他人的行为是天真无邪所致，你更可能宽容。

> ✎ **精神食粮：** 当你认为他人的行为是天真无邪所致，
>
> 你更可能宽容。✎

2. 连接

现在是早上7点55分，你只有5分钟搞定早餐，因为你必须在早上8点开始一个会议。你就像鳄鱼一样吞下大量的食物，突然，嘴里的疼痛让你脸都皱了起来。你左下智齿咬到脸颊的内侧，你等待伤痛消退才再次开始吃早餐。这一次，你比之前吃得慢。你的智齿应该向脸颊请求宽容吗？听起来很傻，是吗？

之所以听起来很傻，因为牙齿和脸颊都是你身体的一部分。当你觉得自己与一个人有连接并赞同他时，他的行为看起来都很好。但如果你不赞同或者与某人没有连接时，即使是轻微的不完美也可能被夸大。

你感觉到的连接越紧密，宽容就越容易。

3. 自卫

有一次我拜访一位朋友，我坐在一张椅子上，当时我没有意识到他的博美拉犬走了过来，坐在椅子下。当我站起来时，不小心踩到了它的尾巴。它咆哮着在我手上咬了一口，很明显它是被激怒了。它是在自卫，回应我（无辜）的攻击。虽然我的朋友感到内疚，但我没有理由抱怨。

大多数人都会试图保护他们脆弱的自我，愤怒折射出他们的恐惧，简洁的话语来自于个人的伤害。如果你认为他人是在进行自卫，你经常受到的是附带伤害，宽容就会容易得多。

4. 误解

几年前，我主动向一位好友提供经济帮助，现在看来，我发现我不该那样做。他是从国外来的，我猜想他需要帮助，由于我的误判，我伤害了他的自尊心。但我真的不是有意要伤害他，而我的朋友将我的无知看作是恶意的，我们的关系产生了裂痕。他狠狠地抨击了我，我想是我没有正确地表达自己，造成了他的误解。

我吸取的教训是：我遇到的许多诽谤可能不是故意的，他们或许反映了无知的误判，我不应让误解导致不可原谅的伤害。

5. 意义

在开始研究生涯时，我提出了一个雄心勃勃的建议，了解不同的精神状态对人体新陈代谢的影响。我希望能利用这些信息来创新身心修炼的方法。在投入了1000多小时的工作后，我提交了计划书，两位专家对此进行了审查。一位专家给了极高的评价，并给了最高分；另一位给了差评，声称他不太明白我所写的，压根儿不屑评论。我的提议没有通过。

我既生气又失望，不得不放弃该方向的研究。但这件事促使我朝着开发身心修炼计划的方向前进。现在，当我回首往事，我觉得提议未被立项是件好事。尽管做那个项目我可能得到和今天差不多的成果，但至少要多花5年时间。我早就原谅了委员会和有关的人，实际上我要感谢他们把我从不必要的努力中拯救出来。

一旦在逆境中找到了意义，原谅就容易多了。伤痛可以为你助力，宽容也可以。

> 🐚 **精神食粮：** 一旦在逆境中找到了意义，原谅就容易多了。
> 伤害可以为你助力，宽容也可以。🐚

☺ 让我们把这些宽容的角度应用到你的生活中，来锻炼你宽容的能力。思考你生活中需要宽容的一个情境。在情境里应用五个角度中的一个或者多个，问问自己，从这个角度看问题是否会让你更快乐。

情境		
角度		**解释**
1．天真无邪	☐	
2．连接	☐	
3．自卫	☐	
4．误解	☐	
5．意义	☐	

我发现了一些宝贵的经验帮助我应用这些角度。这些建议可以加深你对宽容的理解，并帮助你长期保持宽容。

宽容：九条宝贵建议

我很荣幸能够向患者学习，他们分享了自己一生中如何将宽容融入生活的智慧。这就是我发现的九条有用的宝贵建议。

1. 宽容是一个终生的过程

你能想到一些你一试就会的高难度活动或某项一旦掌握便永不忘记的技能吗？

我一试就会的活动	一旦掌握便永不忘记的技能

你想不出来太多，是吗？几乎你学到的每一项技能都需要通过练习来掌握它，并且需要不断地加强练习。你的身体每天都需要食物和水，否则，身体就废了。昨天的睡眠无法弥补今天的需要。就像草坪，需要每隔几天修剪一次，才能保持整洁。

同样，不可原谅不能原谅或不愿意原谅是大脑的本能。即使你今天原谅了一次别人对你的伤害，明天同样的伤害还会困扰你。你的大脑总是忘记并需要反复提醒。在成为习惯之前，你必须不断宽容同一件事情。

2. 在宽容中，可以自私

你是否同意下面3项陈述？

☐ 只有在学会了一个概念之后，我才能把它传授给别人。

☐ 我在情感和精神上帮助别人的能力，取决于我自己情感和精神上的成长。

☐ 为了更好地保护别人，我要变得更强大。

你必须先照顾好自己，然后才能照顾别人。比如在飞机上，当氧气不足时，你应该先给自己戴上氧气面罩，然后再帮自己的孩子。

伤害我们的人似乎不值得我们原谅。开始宽容之前，这样想一想可能有所帮助：宽容的最佳受益人不是别人而是你自己。

3. 人非圣贤，孰能无过

到目前为止，你生活中遇到多少位具备以下特质的人：

特点	少于5位	5位或者更多
真正睿智的	☐	☐
真正富有关怀之心	☐	☐
一直在做正确的事情	☐	☐
为了更高的目标而活	☐	☐
几乎从来没有个人诉求	☐	☐
有强大的自控力	☐	☐
几乎没有生气过	☐	☐
总是使用善意的语言	☐	☐
总是优先考虑别人	☐	☐
拥有以上所有特质	☐	☐

你认识的这样的人少吗？我认识的很少。

我们大多数人都会犯错。我们的判断能力是有限的，当我们想要短期的满足感时，我们的大脑会误入歧途，而我们的思维会被自我保护和个人的成功所支配。所有这些都是在我们不了解自己在这一过程中所造成的附带损害的情况下发生的。这不是任何人的错，只是我们思想有局限性。

如果你认为"人非圣贤，孰能无过"，你的期望值就会降低，这将使宽容他人和宽容自己变得容易。

4. 别让伤痛持续太久

做蔬菜汤时，你要在蔬菜里加上盐、香料和水，然后一起炖。这就是心灵的运行模式。一个原始的想法混合了夸张的、概括的和庸人自扰的味道，然后在我们的脑海里酝酿。伤痛充斥着我们的心灵，使我们认为一切都不值得宽容。这种最终产品是事实添油加醋的版本。

☺. 避免伤害成为注意力黑洞的关键是防止过度地反刍。怎么办呢？这里有几种观点可以帮助你重新构建你的处境。其中有几个会让你想起接纳专题所涵盖的主题。找出那些你认为有说服力的，并添加你自己的想法。

☐ 关注他人正确的地方，并心怀感恩。

☐ 想一下，如果处于他人的境地，我会怎么做。

☐ 从无知或者自卫的角度思考他人的行为，而不是认为他人有意伤害我。

☐ 意识到没有人是完美的，包括自己，我们都会犯错。

☐ 今天看来似乎是个巨大伤害或者造成损失的事情，也许几年后就不再困扰我了。问问自己，五年之后还重要吗？

☐ 关注这种可能性：伤害我的人和事可能会帮到我或者将来会帮到我。

☐ 宽容只是因为我想要善待自己，善待他人。

☐ 其他 _____

☐ 其他 _____

☐ 其他 _____

☐ 其他 _____

尽量不要带着未解决的愤怒过夜，尤其是由鸡毛蒜皮的小事引起的。

> ✐ **精神食粮：**尽量不要带着未解决的愤怒过夜，
> 尤其是由鸡毛蒜皮的小事引起的。✐

5. 不要等待他人请求宽容

你是否注意到伤害你的人开始回避你？如果你伤害了某人，不管是由于失误还是有意为之，你是否：

☐ 感到尴尬？

☐ 感到愤怒？

☐ 想远离那个人？

☐ 感到悲伤？

☐ 尝试责备那个人？

☐ 避免谈到那个人？

☐ 避免去想发生的事情？

☐ 希望它从未发生过？

☐ 想要道歉却缺乏勇气？

☐ 希望他人能主动原谅你？

☐ 感到愧疚？

☐ 其他感受 _____

☐ 其他感受 _____

☐ 其他感受 _____

如果你是这样，那么其他人也是如此。交通事故肇事逃逸是违法的，但情感上的肇事逃逸非常普遍，且不会受到法律的任何惩罚。

记住，人们会因为伤害了他人而感到不安，但需要巨大的勇气去道歉。在别人寻求宽容之前原谅。如果你等着别人给你打电话，那将是漫长的等待，也许是一辈子。

6. 优雅地宽容

假设你在一次商务会议上把咖啡洒在了客户的身上，你如何形容获得客户宽容的感觉？勾选所有合适的选项。

☐ 非常高兴。

☐ 难为情。

☐ 尴尬。

☐ 愉悦。

☐ 放松。

☐ 微妙。

☐ 可怕。

☐ 其他感受 ＿＿＿＿＿＿＿＿＿＿＿＿＿＿＿＿＿＿＿＿＿

☐ 其他感受 ＿＿＿＿＿＿＿＿＿＿＿＿＿＿＿＿＿＿＿＿＿

☐ 其他感受 ＿＿＿＿＿＿＿＿＿＿＿＿＿＿＿＿＿＿＿＿＿

人身攻击是非常伤人的。伤害别人，即使轻微的，也同样是伤害。大多数人觉得被宽容是尴尬的、有压力的，有时甚至是难为情的，因为宽容提醒了他们自己的弱点。

要知道，尽管你内心里不得不多次宽容同样的行为，但人们并不愿意听到他们被宽容。这是对他们自尊心的打击，并让他们感到无力。

如果温柔、善意、优雅地宽容，宽容就会治愈伤痛。你的优雅举止会激励他人在宽容时，保持同样的优雅。

7. 宽容的时机

你12岁了，想和你最好的朋友一起过夜，但你不确定妈妈是否会同意。妈妈似乎压力很大，因为你弟弟感冒了，而且不吃东西，衣服还没洗完，她刚和爸爸大吵了一架，不欢而散。你作业还没有写完，还将午餐袋落在学校了。现在是问过夜的好时机吗？

关键是：每件事都有一个恰当的时机，包括寻求宽容。以下是一些请求原谅的恰当时机。勾选你的同意选项并添加自己的想法。

请求原谅最好的时机：

☐ 当他人高兴时。

☐ 在自省或者思辨的时刻。

☐ 在你做了好事，积攒了一些好印象时。

☐ 在宣布好消息之后。

☐ 作为生日或者周年礼物。

☐ 参拜教堂或者其他神圣的地方后。

☐ 在宽容的时节，比如圣诞节。

☐ 当我想好如何最大程度地弥补自己的错误时。

☐ 其他想法 _____

☐ 其他想法 _____

☐ 其他想法 _____

在正确的时机说正确的话是一份礼物，而错误的时机说正确的话也会导致嫌隙。

8. 以你尊重的人的名义宽容

许多人需要额外的助力才能完成宽容。这种额外的助力可以来自于你所赞誉的人，他的价值观和品德是你所敬重的。我发现，当我以某位苦难者或者真正体现更高价值的人的名义，宽容变得容易得多。

9. 祈求宽容

信仰是一种有助于宽容的强大工具。这样想吧：宽容不是你的责任。宽容的能量来自更高的境界，而你只是那种能量的通道。你要做的是不阻断它的流动，让能量流经你。祈祷伤害你的人能获得治愈和智慧，祈祷你能够宽容，祈祷宽容能帮助你和你周围的人不断获得精神上的成长。

宽容练习

宽容的想象

有时候，在放松练习中融入宽容是有帮助的，这里有两个练习可以尝试。

☺ 练习1：在一个平静、阳光明媚的日子里，看着远处的云。收集你所有的伤痛，将其放在云上。看着云朵飘走，带走你所有的伤痛。随着练习深入，在练习中放松呼吸。

☺ 练习2：在脑海里收集所有需要原谅的事情，打包成一个文件夹。记住，这个文件夹对于你来说处理起来太过沉重和痛苦。将它交给更强者，创世主或者宇宙，让他们来处理它。至此，你的工作就完成了。

释放情绪

另一种有效的工具是释放情绪练习，这里有两个练习可以尝试。

☺ 练习1：给你想要宽容的人写封信。写明事件的所有细节，并清楚地说明你受伤的原因。在信的结尾写上几行，表明你宽容的意愿。读一遍这封信如同对方已经收到，然后撕碎。

☺ 练习2：在靠近海岸的沙滩上，写下你的委屈，看着海浪把字冲走。把这些景象记在脑海里，这样你可以重新体验宽容。

    宽容是对你具体实践更高原则能力的终极考验。不可原谅的伤痛源于感恩、关怀、接纳和更高意义上的失败，越有效地践行其他四项原则，你越容易做到宽容。

    尽管富有挑战性，但你的宽容之旅确实值得努力，它可以像纳尔逊·曼德拉那样改变一个国家的命运，或者像基督一样激励人类直到永恒，他说："上帝饶恕他们，因为他们不知其所为。"

每日一试

运用这一章里的一个技巧，宽容某个人。

译者注：纳尔逊·曼德拉出生于南非特兰斯凯，获得1993年的诺贝尔和平奖。于1994～1999年间任南非总统，是首位黑人总统，被尊称为"南非国父"。

关 系

　　在社交圈中编织更深层、更持久的关系网是你的首要任务之一，也是情绪韧性的关键组成部分。一个紧密团结的社交圈可以为你创造奇迹，这样的社交圈包括那些和你相互依赖、相互滋养的人。他们是你在早上感恩练习中想到的人，是你依赖的人和生活给予考验时支持你的人。你们的社交圈由四个同心圆组成：

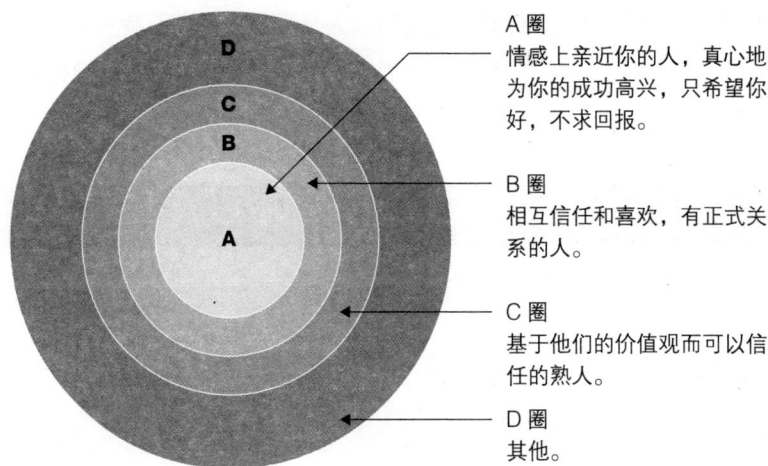

A 圈
情感上亲近你的人，真心地为你的成功高兴，只希望你好，不求回报。

B 圈
相互信任和喜欢，有正式关系的人。

C 圈
基于他们的价值观而可以信任的熟人。

D 圈
其他。

　　培养自己的社交圈，特别是最里面的两个圈子，与培育你的花园没有多大区别。像你的花园一样，分三步培养你的社交圈：播种、施肥和除草。

播种

在社交圈内部的两个圈播种是一个需要时间和精力的过程。考虑到你很忙，你可能忽略了这一步。但是，不重视人际关系是人们在生命尽头最大的遗憾之一。

你最亲密、最有意义的关系成长于两颗种子。一颗种子是你，另一颗种子是你身份的一部分，和你有着共同意义的特殊的人。通过回答下面的问题找到这些人。

问题 1：你知道有多少人生活在和你相同或相似的道德原则下吗?

我一再发现，最有可能让我失望的人是那些与我有着截然不同的道德价值观的人。让我们来统计一下周围那些你认为和你有相似道德价值观的人。

和我有相似道德价值观的人的姓名	
和我相关	
和我无关	

问题2：在你列出的这些人中，你能把多少人放在下面所描述的人际圈中？将他们的名字写在对应的框中。

A 圈 情感上亲近你的人，真心地为你的成功高兴，只希望你好，不求回报	
B 圈 相互信任和喜欢，有正式关系的人	
C 圈 基于他们的价值观而可以信任的熟人	

☺ 当你填完这些圈子，确定一个先后顺序，每周至少联系一至两位你在情感上亲近或者钦慕的人。

请注意，你生活中的许多人并不符合A圈和B圈的标准，他们可能是你的同事、邻居、以前的朋友，甚至是亲戚。基于共同的短期利益，你可能会时不时联系他们，但由于你的精力和时间有限，将大部分精力用来联系有共同价值观的人和真心为你好、你信任的人，才值得。

施肥

一旦确定了你所敬佩或爱的人，以及那些真心为你好的人，下一步就是吸引他们出现在你的生活中。让我们从一个问题开始：你认为人们最关心什么呢？选出唯一答案。

☐ 我的书籍。

☐ 我的智力。

☐ 我在乎他们的程度。

☐ 我有多少钱。

我相信最好的答案是第三个。如果你让我喜欢自己，我就会喜欢你。营养人际关系的主要养料是你的善良，愉悦和善意注意力以及践行五项原则（感恩、关怀、接纳、意义和宽容）帮助你表达善良。当你保持这两种想法的时候，生活变得简单：我工作是去践行善良，回家也是践行善良。当你的一天始终与最虔诚的意图相一致，你就是在践行善良。

☺ 在人际关系中，三个核心观念可以帮助你表达善意。看看你今天能践行三个中的哪一个（或更多）。

1. 真正发现他人的好。

2. 提醒他人他们的善良。

3. 找到他人的意义。

下一步我们将探索一些方法，你可以把这些观念融入你的生活。

☙ **精神食粮**：如果你让我喜欢自己，我就会喜欢你。营养人际圈子的主要养料就是你的善良。☙

善意的语言

我们说的话有自己的生命，语言造成的伤害往往比行为更严重。

古语云：三思而后行。你所要说的话应该是真实、善意和必要的。下面几项建议帮助你在分歧中选择尽可能友善的词语。

原则	原始版本	更积极的版本
当谈论到责备，选择问题式措辞而不是事实式措辞	"你不知道你在做什么"	"你有没有想过更简单的方法?"
在诚实的基础上合理化	"你所做的不起作用"	"你做得比我好，但是我们可能需要更多的帮助"
试着理解	"你不应该对她这么粗鲁"	"她惹恼了你吗？你看起来不太高兴"
使用"我"为主语	"你总是将咖啡弄得比我喜欢的凉，而且味道很淡"	"我喜欢热的浓咖啡"

✍ **精神食粮**：古语云三思而后行。你所要说的话应该是真实、善意和必要的。 ✍

此外，试着表达你的热情和感激，而不是表达你的负担。下面有两个例子。

原始版本	更加积极的版本
我今天不得不接待12位顾客	我今天有幸接待了12位顾客
我不得不见我朋友的父母	我要去见我朋友的父母

现在，运用这些概念重新写下下面的句子。

原始版本	我更积极的版本
我不得不和我的岳父岳母一起过周末	
我下周不得不去看医生	
我这周每天晚上都不得不带孩子参加活动	
你真懒	
我不喜欢吃你做的饭	
你的呼噜声吵到我了	

将你的话语看作给世界的礼物，请送出满怀善意的礼物。

多倾听

你有两只耳朵和一张嘴，所以倾听的话语至少是表达的两倍。你的倾听会比你所说的话更能治愈心灵。

倾听是一个积极的过程，通过展示你的积极参与来帮助说话者，使用专注的肢体语言：点头、微笑、直接的眼神交流。避免分心，请你不要在听别人说话时查看或发送电子邮件、看着电视或者电脑屏幕。

除非有充分的理由，请延迟打断别人说话的冲动。对于一个复杂的话题，总结一下你所听到的。一个精彩的总结可以告诉演讲者你融入到对话中了，这也能确保你理解了他所讲的。

一个常见的错误是在彻底理解其复杂性之前就试图解决问题，防止这种情况出现的方法是建立明确的沟通渠道。在开始一段有意义的对话时，试着问这样的问题："你想让我仅仅倾听还是试着解决这个问题？"大多数人会感激你的坦率，并且表达出来。

问恰当的问题，你提出问题的质量代表了你对谈话的兴趣和参与程度。每个人都希望被人理解，如果人们觉得他们的意见被听进去了，他们对你的观点会采取更开放的态度。即使你有话要说也要记得倾听。你的言语有时是一份礼物，而倾听则一直都是。

> ✍ **精神食粮：你的言语有时是一份礼物，而倾听则一直都是。** ✍

☺ 在下一次谈话中，练习下面几个方法。勾选你同意的选项，并添加你自己的想法。

☐ 点头、微笑并做眼神交流。

☐ 尽量减少分心（收发电子邮件、看电视）。

☐ 避免被打扰。

☐ 回顾我听到的。

☐ 问合适的问题。

☐ 不要试图莽撞地解决问题。

☐ 想要被人理解前，先去理解他人。

☐ 设定良好意图。

☐ 其他想法 _____

☐ 其他想法 _____

☐ 其他想法 _____

交流

分享的时候，你其实是在邀请别人进入你的圈子。你会发出这样一个信息：他们对你很重要，无论是接收你的信息，还是提供有价值的反馈。在我的个人生活和职业生涯中，不沟通造成的误解比沟通造成的要多得多。

在共享信息方面，你和别人的关系包括四种情况：

A 双方共享的信息	B 只有对方知道的信息
C 只有自己知道的信息	D 双方都不知道的信息

（注：这是对"约哈里窗户"模型的修改，出自约瑟夫·勒夫特的《人际互动》。纽
约市，纽约州：麦格劳–希尔公司. ©1969年. 经许可使用）

双方共享的信息越多，你们的关系就越健康。人类本能地用消极的
思想来填补缺失的信息，这种做法会增加误解。请积极分享，尽量减少
别人不必要的猜测。

☺ 下面是一些增加双方共享信息的建议。在第二列中写一些你
认为你爱的人所不了解并且你愿意分享的事实。

我的父亲	
我的母亲	
我的祖籍	
我的奇遇	
我理想的工作	
我高中时的幻想	
我的幸运数字	
我的秘密愿望	
我的渴望	
我最享受的事情	
我最喜欢的度假胜地	
我爱看的电影	
我私下嫉妒的人和缘由	
我最失望的假期	
我每天早晨起床的原因	

赞美

分享一个我自己的秘密：我喜欢那些让我喜欢我自己的人。我想你也是这样，我们每个人都喜欢因为工作出色获得鼓励和赞赏，但有一点要提醒：赞美必须是真心的。如果有人赞美你仅仅是因为他想从你身上得到什么，那么这种赞美令人讨厌。

以下是一些与赞美相关的看法，勾选你同意的选项并添加自己的意见。

- □ 慷慨地赞美某人所代表的价值。
- □ 欣赏他人的外表要谨慎，尤其是在正式场合。
- □ 无论结果如何，欣赏他人的努力。
- □ 在赞美里融入感恩。
- □ 多表扬那些你认为不会经常得到表扬的人。
- □ 表扬你有意鼓励的行为，尤其是对孩子。
- □ 赞美里有真情实感。
- □ 赞美时没有私心。
- □ 赞美是为了激励他人，不是让他自我膨胀。
- □ 其他想法 _____
- □ 其他想法 _____
- □ 其他想法 _____

你可以选择把别人的缺点看作优点或其他。请试着把优点当作优点来欣赏，此外，去发现如何把缺点看作优点。如果某人是A型人格，似乎总是迫于压力才能完成任务，你可能会认为这是一个缺点。但或许它也是一种优势：这可能是他完成日常任务的方式。如果你的伴侣脾气随和，或许这就是你完美主义倾向的绝佳解药。试想，两个完美主义者凑在一起，忙于给对方挑刺，这样的场面一定火药味十足，双方休想得到片刻安宁。

下面看看如何对可察觉到的缺点重新解析，使你看到它积极的一面。

评判性词语	积极措辞
古板的	守纪律的
爱出风头的	自信的
粗心的	无忧无虑的
不坚定的	灵活的
枯燥的	简单的
懒惰的	随性的
贪婪的	雄心勃勃的
强迫性的	认真负责的
其他	其他
其他	其他
其他	其他

☺ 找一个陌生或者熟悉的、今天或未来几天会遇到的人，准备好功课，找出那个人值得赞美的地方。这将帮助你开始和维持交谈并赢得更多的朋友。

欢笑

欢笑的心开始一起跳动，共同的欢笑和泪水都会制造社会纽带。欢笑不仅表示乐趣，更多的是关于连接、共同的意义、礼貌和在他人面前放松的感觉。意料之外的、突然的视角转变或不现实的夸张描述和如释重负的感觉都能引发欢笑。这里有几种方法，可以帮助你在你的社交圈里利用幽默的价值。选出你认同的选项，并添加自己的建议。

□ 一起大笑，而非嘲笑对方。
□ 不确定时，用一个双关语说自己。
□ 注意使用幽默：用在正确的地点、正确的时间、把握正确的度。
□ 避免恶作剧。
□ 用幽默创建社会连接。
□ 在对话中穿插幽默话语。
□ 不要让笑话分散对要点的注意。
□ 对接受者的社会环境保持敏感。
□ 有时可以扮演小丑。*
□ 其他 _____
□ 其他 _____
□ 其他 _____

*我在家里（成功地）尝试过一些愚蠢的行为，包括戴一顶愚蠢的帽子、在脸上化妆、将气球绑在眼镜上并在房子里走来走去、在前额贴一张便条，以及将碗放在头顶当头盔。

我们中的大多数人并不是很幽默，但我相信几乎每个人都能更好地表现出一点幽默。

> ✐ **精神食粮**：欢笑不仅表示乐趣，更多的是关于连接、
> 共同的意义、礼貌和在他人面前放松的感觉。✐

灵活
正如每一片花瓣都是独一无二的，每一片雪花都是特别的，每一只

斑马都有它独特的条纹，我们人类在生物学意义上都是不同的。在生理和成长的驱使下，我们都有独特的偏好。你有没有见过别人奇怪的喜好，比如空巢老人每天用吸尘器打扫两次，乘车10千米仅为了节省每升2美分的汽油钱，或者凌晨2点在跑步机上跑步？你是否有独特偏好？放松地在下面的空白处写下来。

我的独特偏好

在你能做到的范围内，请灵活地对待别人的偏好，把它们看作是彼此的差异，而不是严格的对与错。

☺ 一个完美的适应别人喜好的方式是记住小细节，大多数人对细节都很敏感。当你记住别人的偏好时，比如他们喜欢的麦片、颜色，或者他们钟爱的香味，他们会感到受宠若惊。你记住这样的小细节很有意义，它表明了你的关心，让他人觉得自己很重要，也会让你更快乐。选择你生命中的一位重要人物，试着在下一页的空白处整理出他的偏好。

姓名	和我的关系
最喜欢的颜色：	
偏爱的香味：	
他偏好辣的程度：	
他偏好食物的咸淡程度：	
对食物的渴望：	
他喜欢阅读的书籍：	
电影偏好或者最喜欢的演员：	
室内温度的偏好：	
他如何处理不确定性：	
奇怪的习惯或者信仰，比如睡觉面向东 或者吃饭时绝不打呵欠：	
其他：	

如果你的配偶、伴侣或爱人每天给你15分钟时间，你会想做什么？按照你的偏好程度由高至低排序。

选择	排序
一起在家里度过有质量的时间	
完成一些早就应该完成的工作	
出去散步	
上网购物	
帮忙处理日常事务	
让我的爱人做他想做的事情，因为他快乐所以我快乐	
其他	

要认识到我们每个人都有一些与他人不同的偏好、优势和期待。如果可以，试着每周至少几天用于满足你爱人的期待。尝试去了解他更喜欢什么。我们的本能是过度完成我们觉得能做的事，这并不是一项好的时间投资。如果你达成了别人无法满足的愿望，你就会在生活中获得更多的快乐，并且加强你们之间的连接。

找到共同的目标

共同的目标是织就关系网络的线。有着共同目标的人会吸引你的目光和兴趣，因为共同的目标，偶然的相遇会变成持久的情谊。分享目标也能消除消极的评判。在最初礼貌地寒暄之后，共同的目标会让你投入到一次更长、更有意义的对话。

有时候你可能不能马上意识到彼此共同的目标，你可能需要通过寻找你和对方的共同点来发现它。你可以从下面10个潜在的共同兴趣开始，如果可以的话再添加一些。

共同爱好	
宠物	
我们都去过的海外景点	
相似的书籍	
共同喜欢的食物	
共同的社会事业	
孩子年龄相仿	
一致的工作热情	
出生地	
喜爱的运动队	
其他	
其他	
其他	
其他	

找到共同的经历是一个很棒的连接点，并且可以开启一段终生的友谊。

善待自己

善待世界始于善待自己，如果你无法善待自己，你的人际关系就会淡薄。问问自己下面两个问题：

我是否在对自己做一些从来不会对他人做的事情？	☐ 是的 ☐ 没有
我是否允许他人对我做一些我从来不会对他们做的事情？	☐ 是的 ☐ 没有

如果你有一项答案是"是的"，我们来深究一下。

我是否在对自己做一些从来不会对他人做的事情？
是什么事情？
我是否有选择？
我有什么选择？
这些选择的风险是什么？
我是否想尝试这些选择？
如果不，我是否可以通过其他方式补偿自己？

我是否允许他人对我做一些我从来不会对他们做的事情？
是什么事情？
我是否有选择？
我有什么选择？
这些选择的风险是什么？
我是否想尝试这些选择？
如果不，我是否可以通过其他方式补偿自己？

要意识到有时候你必须忍受冒失的行为，至少在短期内是这样。保持你的耐心，试着降低你的敏感性，直到你能改善这种状况。我的一位患者分享了他祖母教他的一个很棒的比喻：你可以穿着魔术贴背心或者特氟龙背心过一天。魔术贴背心允许所有东西黏在上面，而特氟龙背心能反弹一切。当你周围都是不可理喻、麻木的人时，试着穿上特氟龙背心。

☺　在下页的表格里写下你想要穿特氟龙背心的情境。

我会在这些情境下穿上特氟龙背心：

每一种想法都源于五项核心原则：感恩、关怀、接纳、意义和宽容。按照这些原则生活，是给你的人际关系埋下种子并开始培育的最重要的一步。

尽管你付出了最善意的努力，但你的花园还是有需要清除的杂草。如果不及时清理，这些杂草就会湮没你的幸福。这就需要培养人际圈子的下一步，即保持相对"无杂草"状态。

除草

争论的规则

正如火山爆发可以防止地震一样，争论也是有意义的。它们允许你释放怒气。争论总比大打出手要好！同时，暴力型的争论并不可取。

☺ 当你别无选择，只能争论时，试着用这些规则来使你的论点更文明、更有效率。在下面表格的第三列中添加你对这些规则的想法。

规则	观点 / 案例	我的观点
不要为了物质牺牲珍贵的情谊	◎ 关系形成需要很多年，关系破裂却只需要一次争吵 ◎ 生活里的人才是你最宝贵的财富	
在被理解前，先去理解	◎ 多数人希望被理解 ◎ 将理解作为礼物赠予他人 ◎ 避免选择性倾听 ◎ 不要基于片面信息下结论	
言归正传	◎ 关注事情本身 ◎ 不要将争吵论点扩大化（比如，"你总是这么说""你从来不这么做"）	
避免线上争吵	◎ 避免通过电子邮件、电话或短信争吵。电子邮件和短信尤其糟糕，因为他们会留下永久记录 ◎ 对于小事情，在公众场合争吵可以限制双方的音量	
斟酌用词	◎ 使用"我"为主语，而不是指责性的"你"（例如，"我感觉受到了伤害"和"你伤害了我"） ◎ 不要使用你会后悔的话	
时刻牢记背景因素	◎ 想一下产生分歧的背景 ◎ 想一下如果站在他人的角度你会怎么做 ◎ 合理化 ◎ 尽量合理化	
将分歧局限于当前的问题上	◎ 如果你们最后没有达成共识，把谈话局限在当前问题上 ◎ 如果对方看待某个细节观点不同，不要认为对方完全错误	

规则	观点 / 案例	我的观点
不要在孩子面前争吵	◎ 如果在孩子面前争吵，他们会感受到威胁 ◎ 如果你感到烦乱，孩子会认为是他们的错 ◎ 暴力争吵会给孩子发出错误信息	
重置你的期望	◎ 要意识到每个人都享有选择和偏好的权利 ◎ 每个人都有事要忙，不要期待他人能参与所有对你重要的事	
保持策略防止愤怒爆发	◎ 如果你快要达到爆发点，稍事休息 ◎ 对着枕头大喊大叫，而不是人 ◎ 停止传播消极思想的一种方法是"平静"（serene）： 停止（s）负面想法； 大口呼气（e）几次； 将思想转向（r）感恩或者关怀； 用感恩或者关怀来评估（e）当前的压力源； 从新的角度来协商（ne）这个问题	

愤怒的规则

只有几次我爆发的愤怒起到了作用，而大多数都让我感到后悔莫及。或许你的经历也是如此。

当期望（E）和现实（R）之间不匹配时，愤怒（A）或者挫折

译者注：停止—stop，呼气—exhale，转向—redirect，评估—evaluate，协商—negotiate。

感就会出现。不匹配程度越高，愤怒和挫折感就越强烈，公式是：A=E-R。简单公式导向简单的解决方式。你可以改变现实（这通常不在你的控制范围内），也可以降低期望（这通常在你的可控范围内）。

尽管你努力优化期望值，但还是会陷入愤怒的陷阱，因为你的大脑会随着世界的发展而不断调高你的期望值。当然不是所有人都会在愤怒中失去理智。事实上，你可以驾驭你的愤怒能量，这样它就能成为助力而不是造成太多伤害。在下一个练习中，尝试使用这些规则来处理愤怒。在第三列中添加你对每一条规则的想法。

规则	观点 / 案例	我的想法
对正确的人表达愤怒	◎ 不要用愤怒替代责备 ◎ 不要因他人弱小或者无力反抗而向他发泄怒气 ◎ 如何对待弱者而非强者，可以更好地体现你是什么样的人	
在正确的地点表达愤怒	◎ 避免在公共场合发飙 ◎ 避免在孩子或者所爱之人面前生气	
在正确的时间表达愤怒	◎ 不要对已经受到伤害或者遭受痛苦的人发泄怒气 ◎ 不要在他人庆祝时，或者特殊日子诸如生日或者周年纪念日里表达愤怒 ◎ 不要在没有时间讨论生气的原因或解决办法时发怒	

规则	观点/案例	我的想法
将怒气控制在合理的范围内	◎ 不要夸大自己的怒气 ◎ 不要用暴力回应微小错误	
本着正确的动机表达愤怒	◎ 不要用怒气来伤害他人 ◎ 不要用愤怒发泄沮丧 ◎ 把你的愤怒转化为对他人的激励，并且帮助或者纠正当时的形势	

如果遵守这五条规则，你的愤怒将有可能起到更大的作用。下一次当你感到愤怒时，把这张清单看一遍。

我是不是对正确的人生气？	☐ 是的 ☐ 不是
是在正确的地点吗？	☐ 是的 ☐ 不是
是生气的合适时机吗？	☐ 是的 ☐ 不是
我愤怒的程度与事件本身相符吗？	☐ 是的 ☐ 不是
我的动机正确吗？	☐ 是的 ☐ 不是

如果你对清单里所有问题的答案都是"是的"，大概率你不会后悔，长远来看，你的愤怒能够提升幸福感。

批评的规则

听到批评并不愉快，然而，良药苦口利于病，忠言逆耳利于行。但如果良药裹了糖衣，大小适中，有足够的水送服，并且在必要的时候服用，这就更好了。当然，如果过量服用，也会产生副作用。在接下来的练习中，试一下这些良性批评的基本规则。在每条规则的第三栏里添加自己的想法。

规则	观点 / 案例	我的想法
是否值得批评?	◎ 收益是否值得付出代价?	
对方知道的是否比我多?	◎ 考虑一下可能对方的行为说明他知道得比你多	
对方了解的情况比我少吗?	◎ 考虑一下可能对方的行为说明他并不知道你所了解的事实	
给他人公平的解释机会	◎ 从问题开始，而非结论 ◎ 在你开始批评之前，允许对方解释他的立场	
重点放在过程中，而不是针对人	◎ 批评时，关注犯错的过程而不是责备当事人	
尽可能使用最友善的话语	◎ 仔细斟酌你的用词 ◎ 表达时要和善	
不要批评已经对自己失望的人	◎ 如果对方已经对自己感到失望，你的批评会造成二次伤害，事倍功半	

规则	观点 / 案例	我的想法
将批评限定于一件事，最多两件	◎ 忠言逆耳。一次批评尽可能地集中于一两件事情。批评过后，在继续讨论前，反思一下批评是否起到了作用	
简洁明了	◎ 过分冗长和铺垫，批评便起不到作用。为避免这种情况，批评时间要控制在几分钟内	
用批评来激励	◎ 批评是一个机会 ◎ 每次批评都应导向帮助他人成长	

如果你是那个正接受批评的人，记住下面这些要点。

◎ 将其看作一件礼物，会在当前或者以后用上。欣然接受。
◎ 关注你可以从中学到什么，而不是受伤的感受。问问自己，其教训是什么？不要怀疑批评你的人。
◎ 记住：批评你的人其实宁愿夸奖你，批评他人也是有压力的。
◎ 试着不要立即针对批评予以解释。采取接纳的态度，允许对方表达完他的想法。
◎ 最后，愿意批评自己的行为。可以自嘲；如果你不做，肯定会由别人做。

🍂 **精神食粮：** 愿意批评自己的行为。

可以自嘲；如果你不做，肯定会由别人做。🍂

说"不"的规则

说"不"是一种必要的恶。虽然你需要它来维持正常的生活秩序，但说"不"的过程并不是很愉快。当你说"不"的时候，你的人际关系会变得脆弱，所以要谨慎使用。我真的很喜欢三明治说"不"法，它遵循"是—不—是"的顺序。理解这一点的最好方法是举个例子。

情境： 你的爱人在你工作的时候打来电话，想和你一起吃午饭，但你想要在午餐时间工作。什么才是说"不"的最好方法而不伤害爱人的感情呢？

选项1：对不起，我不能来，我太忙了。

选项2：我很想和你一起，但我现在真的太忙了，下午4点一起喝咖啡怎么样？

你可能会说，第一选项很好啊，在充分理解彼此的亲密关系中或许的确如此，但我相信第二个选择对防止你们的关系破裂会更有用。有时，额外添加几个词可以奇迹般地避免将来的误解。

注意我在第二种选择中的做法：我用两个赞成包围了"不"。我试过很多次，效果很好。我们来练习下面两个场景。

场景1： 你表弟希望你到他家过感恩节，你真的很喜欢他，但你更想和你的孩子待在家里。在下面的空白处写下你会对表弟说的话。

用"是的"开始：展现你的热情	
三明治夹心"不"：讲明你无法去他家，还可以解释一下原因	
最后"是的"：提出替代选择方案	

场景2：你的朋友想邀请你的女儿去她家过夜，你信任并喜欢你的朋友，但并不准备送女儿去她家过夜。你怎么回应？

用"是的"开始：展现你的热情	
三明治夹心"不"：讲明你无法将女儿送去过夜，还可以解释一下原因	
最后"是的"：提出替代选择方案	

下次你想拒绝邀请的时候，试试三明治说"不"法吧，看看它是否有用。

道歉的规则

无论你如何努力在每件事上做到完美，遵循更高的原则，活在当下，你都会陷入困境。从我的个人经历可以确认这一点。真正的考验是如何处理自己的错误，犯错后的一个常见误区是疯狂地寻找错误的外部原因，并尽快将责任转嫁出去。也许它能在短期内拯救你的自我，但它无助于你的成长，它也不会提高你的自尊或自制力，这是弱者的反应。强者的反应是承认错误，至少也会承认自己的失败，为之道歉并从中吸取教训。

下一个问题是：你应该如何道歉？你可能已经猜到了，我会提供一些规则。在第三栏中添加你对每条规则的想法。

规则	观点 / 案例	我的想法
简洁明了	◎ 不要东拉西扯，要直接表达	
道歉不是解释	◎ 道歉时将解释压缩到最少，解释表达了你并非错误的责任所在	
不要反向责备	◎ 以责备对方为结尾的道歉不是道歉 ◎ 道歉就是道歉	
将道歉与行动结合起来，为改善现状做点什么	◎ 超越语言的实际行动体现了你对道歉的重视程度	
用实际行动来避免同样错误的发生	◎ 比起语言，行动更能让对方相信你的道歉是真诚的	

⫸ **精神食粮：你真正的考验是如何处理你的错误。** ⫷

降低期望值

回答下面这些关于自己的问题。

大多数日子我都很忙吗？	□ 是的 □ 不是
大多数日子我能否空出一小时？	□ 是的 □ 不是
我是否尽最大努力？	□ 是的 □ 不是

是否存在满怀巨大期望依然无法实现的事情?	☐ 是的 ☐ 不是
我是否一直试图做正确的事情?	☐ 是的 ☐ 不是

大多数人对第二个问题的回答是否定的,对其他问题的回答都是肯定的。如果对你来说是如此,那么可能对每个人来说都是如此。

人们表面上都非常忙,一个人在任何时候都有大约150项未完成的任务。大多数人都有一系列未完成的事情和注意力黑洞,并试图保护他们脆弱的自我。

不切实际的期望会导致人际关系破裂,低期望值给每个人喘息的空间,防止失望和愤怒。保持适度的期望来增加你给出的和接收到的爱,这将帮助你建立更强大的连接。

· · ·

真心地祝愿你能通过播种、施肥和除草,不断丰富自己的人际圈子的花园。

每日一试

给一位朋友或者你爱的人打电话,来一场心灵对话。

第三步：开始身心修炼

第9周：身心修炼

一颗放松的心也是一颗谦逊的心，不必挣扎于恐惧、贪婪或自私中，这样的心灵是快乐的。不同的方式都可以使我们达到一种相似的状态，即放松心灵。

你如何放松

从下面的列表中，选出你放松时做的前五项运动。

☐ 阅读。
☐ 运动。
☐ 音乐。
☐ 艺术。
☐ 祈祷。
☐ 冥想。
☐ 瑜伽。
☐ 肌肉放松。
☐ 太极。
☐ 气功。
☐ 放松的音乐。
☐ 深呼吸。

☐ 生物反馈。

☐ 和孩子们嬉戏。

☐ 其他 _____

☐ 其他 _____

☐ 其他 _____

☐ 其他 _____

这些活动中的每一项，当不加评判地体验时，都会将大脑引入专注的状态。一种适合的方法，需要满足以下三个标准，找出适应你的运动标准。

☐ 你相信这项运动会对你起作用。

☐ 这个项目的理念切合你的世界观。

☐ 你有时间和能力练习这项运动。

在本节的其余部分，我将讨论冥想的几个实际方面，它是列表中的练习之一。

冥想是什么

冥想是一种有意识放松的状态，带着一种富有关怀心、非评判性的和感恩的色彩。这个定义包含了太多种状态，从某人在一次偶然的冥想练习中经历的短暂的平静，到一位高级瑜伽大师经过终生的修炼后达到的极乐境界。

———————

译者注：生物反馈指将利用现代生理科学仪器，将个体的肌电活动、脑电、心率、血压等生物学信息进行处理，然后反馈给个体，并通过训练使个体能够有意识地控制自己的心理活动，改变相关生理指标，以达到调整机体功能、防病治病的目的。

冥想包括三种不同的状态，体现了练习中的进步。

1. **感觉抽离**。有一种对感官输入的普遍性脱离，包括心灵的平静。在完成练习之后，你会收获持续几分钟至几小时的平静状态。

2. **持续关注**。伴随感官和心灵漫游的自由感，心灵达到一种单一聚焦的状态并维持至少几分钟，直到被心灵漫游或其他感官现象打断。这种放松效果可能会持续一整天。

3. **沉浸**。通过训练，你可以毫不费力地在开始练习的瞬间便获得持续的注意力。周期性地、带着深切的专注，你会感受到身体的轻盈，伴随着一种强烈的感知、全然的存在感和幸福感。你可以在任何地方维持这种状态，从几分钟到几小时。这种沉浸状态需要多年的训练和自律生活。这种放松的效果会持续几天。

冥想的类型

冥想包括四种不同的练习，个人可以根据自己的喜好将不同的练习结合使用。

1. 基于注意的冥想

在这一练习中，重点是关注训练。你选择一种事物来训练注意力。它可以与信仰有关，也可以仅重复"一"这个字。注意力冥想有两种类型：

专注冥想，包括选择在一定的时间内保持你的注意力集中。你可以关注外在的事物，如图像或声音；或关注内在，比如你的呼吸、一个词语或者一句话。集中注意力，虽然是有意的，但却是放松的。

开放式冥想，是在每时每刻，对感官输入和思想的非评判性意识。这是一种无论你的意识体验内容是什么，都对其保持无反应的意识状态。经过多年的专注练习后，你的冥想可能会演变成开放式冥想。

2. 基于感觉的冥想

在这一练习中，重点是培养一种理想的感觉，如爱或善良、感恩或关怀。尽管注意力训练在后台自发运行，但它是次要的成分。你可以心怀减少痛苦的善意专注于一个正在受苦的人，或者关注整个世界。

3. 基于思想的冥想

在这种自省的冥想方式中，你选择一个想法，排除所有其他的杂念去思考。这样做是为了到达思想深处，并通过这个过程进入现实的本质。所选择的想法一般都是鼓舞人心的，而不是漫无目的的。这个过程自然而然地训练注意力，有助于培养智慧。

4. 作为背景练习的冥想

有几种放松身心的方法将冥想作为背景练习，包括太极、气功、导引想象、渐进式肌肉放松，甚至音乐和艺术工作。我认为这些是温和的冥想状态。愉悦和善意注意也可以纳入这组练习中。

冥想：第一步

冥想的基本要求是有一颗平静、专注、放松的心灵。但你怎样才能培养平静、专注、放松的内心呢？一个熟悉的比喻可能会帮助理解。

把你的心灵想象成一个湖，当你向它扔鹅卵石时，打破了湖面的平静。这些鹅卵石就是恐惧、贪婪和自私。你可以避开部分鹅卵石，但你无法完全阻止它们。一种帮助你心灵的方法是更平和。

平和并不意味着不在乎，相反，它反映了你喜好的内在灵活性。平和的心境会让你认识到，就像你无法控制哪套染色体结合起来，在某个特殊的日子造出了你一样，你也无法控制你生命持续的时间，以及某种程度上你生活轨迹的走向。平和能使你发自肺腑地热爱；当时机成熟，它会帮助你说再见，直到我们再次相见。平和阻止了你与现状的无意义斗争。

缺乏平和会导致过度的自我专注、缺乏满足感和诸多负面情绪，尤其是恐惧。恐惧有助于保护你免受真正的威胁，但它消耗能量并且阻碍你采取行动，这一点会在很多方面伤害你。这就是我们需要心平气和的原因。

我相信获得平和的心境有两种方式：智慧和爱。智慧之路上每一条原则（感恩、关怀、接纳、意义和宽容）都是关键里程碑，指引你到达一个终点，在那里你将完全明了三个与意义有关的问题：我是谁？我为什么存在？这个世界是怎样的？智慧将战胜恐惧。

另一条道路是爱，将爱转化为心悦诚服。诚服于什么？诚服于超越心灵的理想世界。但是向理想世界诚服并不容易，因为你无法通过感官体验它的存在。为了让爱转化为诚服，还需要注入感恩、接纳和无私，这一切都源自你所诚服的力量——上天的恩赐。

冥想训练计划

有多少练习冥想的人，就有多少种冥想的风格，每个人都有自己独特的方法。在这里，我将与大家分享一些我个人练习过的，对我自己和其他人都有帮助的基于呼吸的冥想训练。

我认为深呼吸是大多数冥想练习的基础，也可以是你个人练习的主要部分。自然呼吸既可以出于生物学目的，有意识、放松地深呼吸；也可以出于情感和精神的目的。

所有基于呼吸的冥想训练，共同之处是建议腹式呼吸。练习腹式呼吸的一个好方法是吸气时想象水注满杯子的过程。就如同你从下往上注满杯子一样，空气先灌满下肺然后是上肺。首先通过移动膈肌来扩大你的腹部空间，然后是胸部空间。你吸气时可以将手放在腹部并注意腹部的运动。当呼气时，就像杯子从上往下排空，先清空上肺，然后是下肺。如果这些不容易理解，那么只要用一种让你感到舒服的方式深呼吸就行了。

第一项练习将帮助你根据鼻尖来观察呼吸。

☺ 练习1：呼吸意识A

1. 坐在一个舒适、灯光昏暗、安静并安全的地方，闭上眼睛。除了躺着，你可以选择你喜欢的任何姿势。应避免在饱餐之后立即做这个练习。

2. 花2分钟时间关注你周围能听到的所有声音，允许自己的意识漫游至声音的源头，尽量避免对声音做出任何判断。

3. 基于这一点，慢慢地沉下意识，关注你的呼吸。

4. 余下的运动中，练习深且慢的腹式呼吸。

5. 以令你舒适的速度和深度呼吸。

6. 呼吸时想象你的鼻孔：吸气时感觉到微妙的、凉爽的空气流入，而呼气时，感觉到温暖的、舒适的气体流出。

7. 在接下来的几分钟里，将注意力集中在鼻孔内，想象一下随呼吸内流和外流的气体。

8. 现在，让你的呼吸变得越来越轻，直到你几乎感受不到气流的流动。

9. 在接下来的几分钟里，让你的意识停留在鼻内轻柔的呼吸中。

10. 继续这项练习，想多久就多久，至少10分钟。

在下一个练习中，我们将感受呼吸运动。

☺ 练习2：呼吸意识B

1. 坐在一个舒适、灯光昏暗、安静并安全的地方，闭上眼睛。除了躺在床上，你可以选择任何你喜欢的姿势。应避免在饱餐之后立即做这个练习。

2. 花2分钟时间关注你周围能听到的所有声音，允许自己的意识漫游至声音的源头。尽量避免对声音做出任何判断。

3. 基于这一点，慢慢地沉下意识，关注你的呼吸。

4. 在余下的运动中，练习深且慢的腹式呼吸。

5. 以令你舒适的速度和深度呼吸。

6. 想象你吸入的空气从鼻孔蔓延至上半身最远端（头部、颈部和胸部）。

7. 现在想象你呼出的空气从你的上半身向外流出一直到鼻孔。

8. 想象你吸入的空气从你的鼻孔蔓延至你下半身的最远端（腹部和腿）。

9. 现在想象你呼出的空气从你的下半身向外向上流出一直到鼻尖。

10. 重复这项练习，尽量持久，至少10分钟。

　　这些呼吸练习有很多变化，所以根据你的喜好来改变和调整它们。如果你想学习更高阶的技能，跟随受过训练的老师一起学习或许更有效果。一个简单的方法就是注意腹部而不是鼻孔的运动。另一种常见的方法是，注意吸气和呼气时之间的停顿，在你的舒适范围内有意识地增加停顿。

　　在下一个练习中关注身体意识，你的身体为注意力提供了一个极好的关注点，它随时可用并且能够享受关注时所带来的放松感。

☺ 练习3：在5次呼吸中融入身体意识

1. 坐在一个舒适、灯光昏暗、安静且安全的地方，闭上眼睛。除了躺在床上，你可以选择你喜欢的任何姿势。应避免在饱餐之后立即做这个练习。

2. 花2分钟时间关注你周围能听到的所有声音，允许自己的意识漫游至声音的源头。尽量避免对声音做出任何判断。

3. 基于这一点，慢慢地沉下意识，关注你的呼吸。

4. 余下的运动中，练习深且慢的腹式呼吸。

5. 以令你舒适的速度和深度呼吸。

6. 深吸一口气，将意识带到头顶，想象大脑中充满了柔和的白光。缓慢地呼气。

7. 深吸一口气，将意识带到脸部和颈部，想象脸部和颈部填满了柔和的白光。缓慢地呼气。

8. 深吸一口气，将意识带到胸腔，想象胸腔充满了柔和的白光。缓慢地呼气。

9. 深吸一口气，将意识带到腹腔，想象腹腔充满了柔和的白光。缓慢地呼气。

10. 深吸一口气，将意识带到整个身体，想象体内充满了柔和的白光。缓慢地呼气。

11. 继续这项练习，想多久就多久。目标10次，大概需要10分钟。

　　这个练习的一个常见变化是只专注于你身体的一部分，并且尝试放松它，而不是同时练习深呼吸。我个人更喜欢把身体视觉化和深呼吸结合起来。

　　呼吸和身体练习有无数的变化。一个名为Mayo Clinic冥想的节奏呼吸冥想课程有DVD版本，也有智能手机应用软件。这个课程将带你完成3分钟的节奏呼吸和1分钟的静默冥想练习，共三个循环，共用时15分钟。

在任何练习中，关键的原则是保证练习简单，重复和坚持。每天只选择几个练习，便于你合理安排时间。当你学习和体验这些练习时，保持首要目标清晰：培养更深层次、更好的注意力。有了这种意识，杂念就会消失。当沿着这条路前进的时候，你就会成为自己的老师并且找到新的方法来重新吸引你的注意力。

书中提到的五项原则，每一条都可以和冥想练习结合。比如，这里就有一个例子和关怀相关。

☺ **练习 4：关怀冥想**

1. 坐在一个安静、安全的地方，闭上眼睛。

2. 安静几分钟，进入深慢呼吸。

3. 在脑海里画一个圈。

4. 将自己放在那个圈子里。

5. 在那个圈里还有你的亲密爱人。

6. 培养对对方积极温暖的感觉。

7. 现在关注你们两个人的相似点。你们都是人类，你们有相似的生物需求（食物、呼吸、健康的身体），你们都需要安全、关心和爱。你们是否有相似的饮食偏好？你们都喜欢旅行吗？你们喜欢相似的衣服吗？你们喜欢的电影相似吗？试着找出相似点，甚至从差异中寻找共同点。你们是否都有唯一的独特之处？你们是否因为都有不同偏好而相似？

8. 现在随着每次吸气，想象你都在将世界的爱与治愈带给你的爱人。你的每次呼气，想象你都在带走他（她）的疼痛和苦难。

9. 整个练习中保持深慢呼吸。

特效小贴士

无论你是刚开始冥想练习，还是一个有经验的修行者，你都会在冥想生涯中经历几个挑战。身体疲劳和其他不可控的症状（如严重疼痛、呼吸急促、恶心和瘙痒）会干扰冥想练习，而身体上的舒适感有助于增强你的注意力。

你对冥想练习的态度可能会在意兴阑珊和兴致勃勃之间不断变换，这两者都会破坏冥想练习。平和与专注是心灵的理想状态。

如果你期望在开始冥想的一周内获得沉浸式体验，并体验到深刻的幸福感，那是不切实际的。克服你的心灵的倾向，往往需要几年的时间。获得短暂的平静和清晰才是一个合理的短期目标，不要试图赢得冥想奥运会。在冥想中，那些放弃以获胜为目标的人才能真正胜利。

> 🌾 **精神食粮：** 克服你的心灵终生的倾向，往往需要几年的时间。
> 获得短暂的平静和清晰才是一个合理的短期目标。 🌾

深呼吸和放松总是会让你入睡。几乎在每一组冥想练习中，我都能听到甜美的鼾声，这仅仅表明人们缺乏睡眠。随着时间的推移，你将能够保持清醒，而且平静和放松。

心灵中固有的不安会把你拉进各种故事中。当你坐着冥想时，心灵喜欢编故事。你必须对心灵多点耐心，观察它的活动，微笑，轻轻地重新开始练习。你的心灵会逐渐屈服。我在下面提供了一些补充建议，以帮助你引导心灵。

自我，特别是精神自我，将是你练习中的最后一项挑战。此过程中的风险是你认为自己比他人更好，这必然会扼杀进一步的成长。你必须在自信和谦逊之间取得平衡。与有这方面经验的善意的老师或朋友同行，有助于你保持步调一致。

以下是一些补充建议以及相关的基本原理和方法。

建议	基本原理和方法
保持身体姿势恰当	通常采取坐姿练习冥想，最好是背部挺直，恰当的身体姿势有助于冥想。在练习初期，可以将背抵在墙上或椅背上
在安全、安静的地方练习	这有助于减少监测外界安全性的需要，减轻感知负担
开始时每天15分钟	在最初的1个月里，避免以小时为单位的冥想练习。每天15分钟，逐渐增加时长
坚持	规律的时间、地点和练习有助于你养成习惯
平衡生活	简化你的生活，但不至于剥夺自己基本需求（和一些奢侈品）
由回忆你仰慕的人开始	默念某位你真正尊敬的人，有助于集中注意力练习并且减少注意力分散
赋予练习意义	把练习带来的好处奉献给比提升你自己更重要的事，比如孩子们的幸福，将有助于你保持专注和自律
记录令你分心的想法	养成写日记的习惯，尤其是当分心的念头总是萦绕脑海时
将冥想与祈祷结合	通过将信念融入冥想不断加深练习，通过选择合适的形象或声音来完成

最终思想：练习中尽量让你周围的人感到舒服，尤其是那些不太了解冥想或者对其抱有错误观念的人。让他们明白，你并未脱离物质世界。把衣服换成橘黄色长袍，以获得神秘体验。冥想已经在许多研究中被验证并且被认为是有科学和事实依据的。

在这里，你可以问自己，我如何知道冥想是否对我有益处呢？

如何判断冥想是否对你有益处

冥想最重要的目标是变得让人更加善良——对自己也对他人。如果冥想没有让你变得更善良，那么它对你就不起作用。完成几个月的练习后，请尽可能地回答下面的问题。必要时，可以向朋友和亲人寻求帮助。

我有没有变得更平和？	☐ 是的	☐ 不是
我现在更灵活了吗？	☐ 是的	☐ 不是
我感到更幸福吗？	☐ 是的	☐ 不是
我是否变得更宽容？	☐ 是的	☐ 不是
我的健忘改善了吗？	☐ 是的	☐ 不是
我能注意到更多的事情吗？	☐ 是的	☐ 不是
我有没有感到身体更健康？	☐ 是的	☐ 不是
一天结束时我是否更有精力？	☐ 是的	☐ 不是
我是否更少被日常琐事打扰？	☐ 是的	☐ 不是
我期待每一天吗？	☐ 是的	☐ 不是
我期待冥想练习吗？	☐ 是的	☐ 不是
我的睡眠更安稳吗？	☐ 是的	☐ 不是
我感到更有灵性吗？	☐ 是的	☐ 不是
我感到能更好地控制自己的想法吗？	☐ 是的	☐ 不是
我的思维是否变得更清晰？	☐ 是的	☐ 不是
我更有创造力了吗？	☐ 是的	☐ 不是
我发现自己正在思考冥想吗？	☐ 是的	☐ 不是
我向他人推荐冥想了吗？	☐ 是的	☐ 不是

所有这些都是我个人的经历，也是那些与我分享进步的人的经历。并不是每个人都能享受其益处，要有耐心。最重要的是，对自己善良，不要推迟幸福。这就是一切开始的地方，不是吗？

我希望你能喜欢冥想练习。

每日一试

抽出时间做个冥想练习。如果你已经开始规律练习，尝试用本章讨论的几种方法来加深练习。

第四步：养成健康习惯

第10周：更健康的你——从小事开始

最后，我想分享一些健康的习惯和有趣的想法，可以帮助你减少压力，增加每天可用的能量。这些都只是宽泛的建议，可以根据你的生活状况来调整。

读好书

书籍是低成本、低技术含量的工具，可以让你在家里的闲暇时光里，与世界上最优秀的思想交流。读一本好书是一种完美的注意力训练。

☺ 列出你想读的书目清单，问问志同道合的人的想法。去图书馆查找不同流派不同领域的书籍，而不应限于你习惯阅读的书籍类型。加入读书俱乐部帮助养成读书的习惯。如果你找不到，那就自己开一个书单吧。

我今年想要阅读的书单	
书名	作者

一旦和书成为朋友，你的余生都不会再感到孤独。

去做那些你一直想做的事情

我们许多人脑子里都有一个秘密的愿望清单，但是愿望常常淹没于日常生活的琐事之中。

☺ 列出在生命结束前你想去的地方、你想认识的人和你想做的事。我们就从这里开始，勾选你在未来两年计划做的事情。

我一生中特别想去这些地方		☐
		☐
		☐
		☐
我一生中特别想见这些人		☐
		☐
		☐
		☐
我一生中特别想做这些事情		☐
		☐
		☐
		☐

创建并利用这张清单，丰富你的人生，让你的岁月更加难忘，给自己更多的充实感。

减少每日新闻量

一位试图减肥的医生同事向我抱怨说，他没有时间锻炼。我们坐下来探讨原因，发现他每天平均花两小时看新闻，并在那期间无意识地吃东西。他对这一发现感到震惊，他不知道自己是如何养成这一习惯的，他甚至压根儿不喜欢这个习惯。戒掉这个习惯后，他每天多出两小时的空闲时间，也给家人带来了欢乐。

你每天花多少时间看新闻呢？

记录	早晨	白天	晚上
时间（分钟）			

如果每天看新闻的总时间超过15分钟，那么你可以做一些改变。例如，每天看一两次新闻就可以，但你不必每30分钟就浏览一次新闻标题。过多的负面消息会扰乱你的睡眠，有损健康。今天就试着改掉这个习惯，在它挤占更多陪伴家人或照顾自己的时间之前。

照顾自己

说到自我照顾，你是否能照顾好你的身体和心灵？试着回到下面的问题。

我晚上能否有至少7小时的安稳睡眠?	☐ 是的	☐ 不是
我一周内大部分时间都能锻炼吗?	☐ 是的	☐ 不是
我进行可预防癌症的筛查了吗?	☐ 是的	☐ 不是
我知道自己的血脂、血压和血糖水平吗?	☐ 是的	☐ 不是
我有成瘾行为吗（酒精、烟草等）?	☐ 是的	☐ 不是
我最近两年有过愉快旅行吗?	☐ 是的	☐ 不是
我有没有花时间接受再教育?	☐ 是的	☐ 不是
我是不是一直系安全带?	☐ 是的	☐ 不是
我开车在限速范围内吗?	☐ 是的	☐ 不是
我是否进行了饮食控制?	☐ 是的	☐ 不是
多数日子里我是否每天至少大笑一次?	☐ 是的	☐ 不是
多数日子里我是否每天至少放松心灵15分钟?	☐ 是的	☐ 不是
我的生命中是否有至少两位可以信赖的人?	☐ 是的	☐ 不是
我克服了我的恐惧吗?	☐ 是的	☐ 不是
我是否参加了某个组织帮我实现更高的意义?	☐ 是的	☐ 不是

对于清单里的每个"不是"选项，考虑一下未来三个月你将如何解决。

减少看屏幕时间

只要有可能，试着体验现实世界的全部维度，而不仅是屏幕里的两个维度。我们花在看屏幕上的时间比其他任何活动都多。有些屏幕时间是必需的，因为它是我们工作的一部分，是一种交流方式，有助于我们的生活。我的建议是有意识地选择这段时间，如果可以的话，减少一些。

选出你认为满意的选项		
我可以减少看屏幕时间吗？ □ 可以 □ 不行	减少不必要的看电视时间	□
	减少工作和在家浏览网页的时间	□
	不要一有空就查看电子邮件	□
	和家人或者朋友通电话时不看电脑	□
	其他	□
	其他	□
	其他	□
我能否增加一天里的非屏幕时间？ □ 可以 □ 不行	午餐时间散步10分钟	□
	每2~3小时休息5分钟散散步	□
	每天和亲近的人聊天	□
	近旁总是有未看完的书	□
	其他	□
	其他	□
	其他	□
	其他	□

减少看屏幕时间的主要障碍是无聊，我们开始讨厌无聊，并试图用高效的活动来弥补每一个空虚的时刻。

请允许自己感到无聊。在日程里留下空闲时间，不要安排任何计划或解决任何问题。就这样空着吧。练习愉悦注意力，欣赏这个世界上的小奇迹——人造的或者自然的——运用你所有的感官。谁知道后院里的小小蚁群会给你什么启发呢？

简化生活

避免贪心不足蛇吞象。我们在攀爬成功之梯时，奢侈品变成了体面，体面变成了必需品。1970年，3%的人将第二部电话视为必需品，而2000年，这一数字上升到了45%。你拥有的东西越多，投入的时间和精力就越多。如果有一天你需要一间额外的1000平方英尺（约93平方米）的储藏室，那就是时候好好审视你的生活了。问问自己，我真的需要这些东西吗？如果六年前搬家时有一箱衣服，到现在你也没有穿过，那么你在其他时间也不会需要它（或者今生都如此）。

简化生活的第二个同样重要的方面，与你的情感生活有关。不被接受的行为、没有原谅的人、没有克服的嫉妒——我们的头脑承载着一长串的负担。试着尽可能地减轻你的情绪负担。如果你无法卸下这些负担，至少试着暂时将它们束之高阁——如果可能，在接下来的一小时或一天里暂时不要想它们，拿出15分钟解决那些可以马上处理好的问题，让你在一天中剩下的时间里更轻松，这样做或许会有帮助。我把这叫作预定忧虑时间。

将工作授权给别人，尤其是不重要的部分，是减轻思想负担的绝佳方法。一旦授权，你必须放弃一些控制权，还得接受接手人用他的方式解决问题。最好的管理者，是那些善于分配任务、即使没来上班连下属都难以察觉的人。

在下一页，想想在这项活动中可以简化的方法。

选出你认为满意的选项		
我可以简化自己的物质生活吗？ ☐ 可以 ☐ 不行	送出自己的东西	☐
	现在开始延迟买买买	☐
	给想要的东西设置限制	☐
	授权部分工作	☐
	其他	☐
	其他	☐
	其他	☐
	其他	☐
我可以简化自己的精神生活吗？ ☐ 可以 ☐ 不行	一周中有一天全然宽容（周五）	☐
	一周中有一天全然接纳（周三）	☐
	降低对他人的期望	☐
	认识到并接纳自己的不完美	☐
	其他	☐
	其他	☐
	其他	☐
	其他	☐

简单的生活是一种谦逊的生活，与自然保持平衡，它帮你腾出时间去追求更高的意义。简化生活的一个有效步骤是只选择去做值得自己花时间的事。

选择你值得做的事
识别挑战并将其进行四分类。

重要的 / 没那么重要的	可控的	不太可控的
重要的	A	B
没那么重要的	C	D

　　我在下面的表格里写了些建议，你可能认同也可能不认同。请随意地在一张纸上画出上面的表格，并将自己生活中的事进行分类。

重要的 / 没那么重要的	可控的	不太可控的
重要的	◎ 健康 ◎ 人际关系 ◎ 资金 ◎ 工作（少数问题） ◎ 精神成长	◎ 整个过去 ◎ 地缘政治问题 ◎ 全球变暖 ◎ 经济 ◎ 税费 ◎ 他人的行为 ◎ 交通 ◎ 天气 ◎ 有人说我坏话
没那么重要的 *	◎ 青春期孩子染发 ◎ 朋友在我的聚会上迟到 ◎ 伴侣选择的电影	◎ 他人在饭店里的点餐 ◎ 同事啜吸咖啡 ◎ 同事的口音

*注意我提到的是"没那么重要"，不是"不重要"。

　　你的生活中有很多事情发生，这可能是常态而不是例外，针对这种情况，这个练习尤其有帮助。最大的压力来自当下的压迫感——就像杂技演员玩空中抛球。为了保证最重要的球的高度，我们必须让几个（不太重要的）球落地。选择不改进就是一个很大的进步。在下面表格中，你会找到处理每个象限中事件的建议。

重要的 / 没那么重要的	可控的	不太可控的
重要的	◎ 注意这些方面 ◎ 意识到通常改变会比预期花掉更多时间	◎ 从中学习 ◎ 带来接纳和宽容
没那么重要的 *	◎ 考虑代价和收益 ◎ 有什么意义？ ◎ 如果代价超过收益而且不是很有意义，就放弃	◎ 放弃

*注意我提到的是"没那么重要的"，不是"不重要"。

　　你的身体、心理、情感和精神能量是有限的，请把你的精力用在你能解决的最重要的问题上。基于重要性和你的可控程度，只选择那些值得花费时间的挑战。

放轻松

　　我们对待生活常常比实际需要的更严肃，而幽默会让我们放松下来。找到生活里的幽默法则。在保持幽默时，确保你的一语双关没有触及别人的底线或者针对某个人。这里有一些放轻松的建议，选择你认为有帮助的，并添加一些你自己的想法。

☐ 看喜剧电影。

☐ 阅读幽默书籍。

☐ 观看喜剧表演。

☐ 自嘲。

☐ 与轻松的人交朋友。

☐ 从孩子们天真的话语里学习幽默感。

☐ 其他 _____

☐ 其他 _____

☐ 其他 _____

当大家一起笑的时候，你会笑得更多。幽默把我们和他人连接在一起。一场大笑可以神奇地消除你身体或情感上的疲劳，并且改善人际关系。

做好杏仁核劫持大脑的准备

为了生存，我们必须善于识别威胁，因此，我们的大脑总是会警惕潜在的威胁，包括来自拒绝和侮辱的威胁。大脑的边缘系统就如同一个永远工作的安全系统，扫描输入的感受。这个系统非常敏感，哪怕是一点点的拒绝，都足以激活它。

因此，无论你如何努力培养耐心、生活在更高的原则中，你还是会失败，会生气、失望、担心和沮丧。生活在一个不完美世界这是不可避免的现实。当你满腔怒火或陷入担忧时，你的杏仁核——恐惧中枢——就劫持了大脑的其余部分。在这种状态下，大脑释放的化学物质有效地麻痹了大脑高级中枢，理智被抛诸脑后。在这种情况下，你可能做出许多恶意和非理性的行为，而且往往事后后悔莫及。

为这些情况提前做好预案，回想一下第8周（第195页）的"平静（serene）"方法。下面是同一方法的修改版，它基于三个关键的认识：

1. 当愤怒失控时，最好找个借口，休息一下。虽然这看起来很尴尬，但找个借口避开总比毫无礼貌要好。

译者注：杏仁核，大脑边缘系统的一部分，参与情绪的产生、识别和调节，特别是恐惧情绪。

2. 当肾上腺素飙升时，你的大脑就会停止理性思考。深呼吸是抑制肾上腺素激增的最简单、最有效的方法。

3. 关怀能使愤怒的心平静下来。关怀将你的注意力从个人的挫折转移到他人面临的挑战上，并产生帮助他人的意愿和努力。

为了帮助记忆，我用了一种名为"ABCC"的方法。

步骤	举例
1. 请求（Ask）暂时中断	要求去趟洗手间，散散步，喝一杯水，或者另约见面时间
2. 呼吸（Breathe）	练习几分钟深慢呼吸
3. 关怀（Compassion）	关怀当事人，或者其他你所知道的正在遭受苦难的人。你能想到今晚会有孩子饿着肚子睡觉吗，或者今天会有4500人被新诊断为癌症吗？
4. 背景（Context）联系	现在，保持头脑清晰，打开心胸重新审视形势。你能意识到对方不是故意伤害你，而只是想保护他自己吗？你能看出侮辱性的表达其实是求助吗？你能找出逆境的意义吗？你会为所有正确的事心存感激吗？

当你用ABCC方法冷静下来后，重新进入当时的情境，你会有更成熟的看法。

保持健康的饮食

饮食习惯决定了你的身体状况，甚至某种程度上决定你的情绪状态，所以你的饮食非常重要。在饮食上要注意三个方面：你吃的什么、吃了多少以及如何吃的。

你吃的什么？均衡饮食，选择全谷物、坚果、鱼、蔬菜，蛋白质和膳食纤维的摄入。饮食多样化以获取全面的营养，避免精制糖、饱和脂肪酸、维生素超量和高能量的食物，以及反式脂肪酸含量高的食物。

你吃了多少? 吃东西时的饱腹感是一个不准确的信号,无法表明你吃了多少。尤其是当你吃得快,并且摄入高能量的食物时。吃饭只吃八分饱,当你觉得有点饱的时候就不要再吃了。如果在感觉到轻度饱后停下来,你很快就会觉得饱得很舒服。如果继续吃,超过了那个节点,你很快就会觉得撑得慌。

你如何吃? 像霸王龙一样吃大块的食物,像牛一样整天都在吃,像鳄鱼一样整块吞咽,这样吃我们会摄入热量,却不曾享受美食,这种饮食习惯会导致摄入过多热量。建议试一下我喜欢的"慢速—小口—品味"的方法。慢慢吃,细细咀嚼食物,每次吃一小口,细品每一口的滋味。这种"慢速—小口—品味"的方式能帮你从食物中摄取更多营养,也有助于减肥,如果这是你的目标的话。

在这个练习中,诚实地跟自己承诺,下个星期开始改变。

饮食	改进的方面	我1周内可以做的改进
我吃了什么?		
我吃了多少?		
我如何吃?		

你餐盘中的食物是一件神奇的作品,它是数百万人劳动和自然元素的结晶。好好品味每一口,不辜负它的价值。

保持身体灵活

舒适和方便会导致懒惰和退化。遥控、外卖送餐、汽车、电梯、上网过多——所有这些都导致了一个事实，我们中80%的人目前缺乏足够的锻炼。

大多数健康的成年人，每周都应进行至少150分钟的中强度或75分钟高强度的有氧运动，此外还有增强肌肉力量的运动。如果需要，将身体锻炼分成几次，并将其分散到一整天。把它和愉悦注意结合起来。在大自然中散步，把你的车停在离商店更远的地方，爬楼梯，走到同事的办公室而不是打电话，将会议安排在远离你办公室的地方，走到就餐地点，在办公室或家里边打电话边走路，白天带着善意注意散步，安排一个步行会议，或者参加一个运动俱乐部——这些都是让你开始锻炼的建议。

体育活动有许多好处。如果你身体好，你的生活规划会更容易实现。我建议除了这些，你可以上网了解各种体育活动的益处和相关推荐，然后完成这项练习。

增加体育活动的益处是什么？	
我达到自己的锻炼目标了吗？	
我下一周如何增加我的体育活动？	
我如何让体育活动更有趣？	

保证足够且高质量的睡眠

清醒时我们只是普通的人类，而睡眠是天赐的权力！我们比20年前平均每天少睡一小时。目前，我们中有一半以上的人睡眠不足，睡眠质量也不高，因此，1/4的人白天感到昏昏欲睡。睡眠不足多与生活方式有关，而不是由于睡眠障碍。难怪我们每人每年消耗4千克以上的咖啡粉，与之对应的是，近900万美国人服用处方安眠药帮助睡眠。

睡眠是大脑的食物。睡眠不足时，大脑和身体衰老得更快。同时，会导致体重增加、疲劳、丧失创造力、高血压、糖尿病、心脏病、卒中和意外，长期缺乏睡眠甚至是致命的。

把睡眠放在第一位，并把它当作神圣的时刻，也许你已经做了很好的睡眠计划。如果还没有，下面是一些可能有用的建议。找出那些适合你的建议，并添加一些你自己的想法。

☐ 睡前避免大量进食或者饮酒。

☐ 睡前4～6个小时避免摄入咖啡因。

☐ 规律运动，但睡前两小时避免剧烈运动。

☐ 创造一个安静舒适的睡眠环境，温度适宜且床舒适。

☐ 避免在卧室里工作或看电视。

☐ 如果可以，不要将烦恼带上床。

☐ 睡前放松身体和心灵，睡前放松可以包括洗热水澡、畅读、深呼吸或吃一点小点心。

☐ 如果可以，尽量减少因疼痛、憋尿或胃痛而醒来的次数。

☐ 如果焦虑一直萦绕不去，将其写进日记或尽最大努力推迟至次日早晨再想它。

☐ 不要饿着肚子睡觉。

☐ 其他 _____

☐ 其他 _____

你在本书所学到的每个方法，都需要花费时间和努力才能在你的生活中规律地发挥作用。专家说，掌握一项技能需要10 000小时的练习。有人说，最少坚持努力6个月才能改变一种行为。要做出改变和维持改变成果的关键是养成规律的习惯，人类的头脑会抵制改变现状的意图，下表中的几个方法可能会有所帮助。选出可以在生活中应用的方法，然后再想出一到两个。

建议	基本原理和方法	选项
和密友工作	◎ 与能激励你的人合作，让自己对外负责 ◎ 伙伴也会成为创意源泉，并且在遇到困难时伸出援手	☐
插入线索	◎ 线索提醒你改变行为 ◎ 线索开启新习惯之旅 ◎ 正确的线索将促进行为改变	☐
使用日记	◎ 日记可以成为你的代理人 ◎ 日记可以帮你记录进程 ◎ 日记可以为你提供日常安排	☐
使用奖励	◎ 可预期的奖励能在你达到某一目标时激励你 ◎ 规划一些惊喜奖励	☐
其他		☐
其他		☐

习惯带来行为意向。在实践方面，我用来描述韧性生活计划的词是：有意识地生活（conscious living）。有意识地生活是指有意识地选择你的想法和行为，与自然和谐相处。当你有意识地选择时，你就会从短期的、寻求安慰的、不健康的习惯中解脱出来，这是你迈向转变的第一步。

我相信，通过选择韧性生活计划项目，你已经朝着体验持久幸福迈出了第一步。那么第二步是什么？要不要考虑加入我们？

精神食粮： 有意识地生活是指有意识地选择你的想法和行为。

每日一试

在脑海里或者纸上，将健康的习惯按照你做得到的最需要改进的行为的顺序列出一张清单。选择一个健康的习惯，想想怎样才能将它变成你生活习惯的一部分。

加入我们

我和我的同事们，致力于，按照你在本书中学到的原则来过我们的每一天。我们希望通过有原则的生活，至少改变世界的一小部分。我邀请你加入我们的运动，以减少全球的压力和焦虑，提高世界的幸福、韧性和福祉。以下是你可以做的一些事。

教育自己。 请访问我们的互动网站：www.stressfree.org，这是我们的信息中心，公布我们研究的数据，发布公告，并提供在线培训。

参加学习班。 我们在美国和世界各地设有个人与团体学习班。目前可用的课程是压力管理和韧性训练（SMART）计划，改变课程和在线项目，包括12个模块的韧性生活课程，形式包括视频、测验和练习、短期项目、引言、博客、推特（Twitter）和其他相关材料。如果你对这些项目感兴趣，可以访问www.stressfree.org/program来告诉我们。

Twitter联系。 关注我@amitsoodmd。

成为一名老师。 联系我们，学习如何将我们的课程教给他人。

．．．

无论你走哪条路，请接受我的邀请，让自己沉浸在更高的原则中。我保证你的每一次努力都是值得的，今天就开始旅程吧，不要空等某天完美的阳光早晨。不要推迟快乐，生命太短暂了。

我很荣幸能在这次旅行中与你相遇。欢迎！祝你一生平安幸福。不延迟幸福的最好方法是对自己和他人做出善意的承诺。

附录：附加注意力练习

本附录描述了附加注意力练习。尝试做这些练习，找出那些你认为最有吸引力的，并将它们纳入你的日常安排。

☺ 练习 1. 在平凡之中发现独特之处

挑选四个外观相似的橙子（或其他中等大小的蔬菜或水果，如苹果、杏、李子、土豆或黄瓜），看着这些橙子，就好像是你创造了它们一样。仔细研究这种产品是如何生产出来的，观察它的形状、大小、颜色、香味、外表、重量和表皮的起伏。看看每个橙子表面上独一无二的"大峡谷"（所有的酒窝）。

你是否会认为，尽管它们外表相似，但每个橙子都在以它们自己的方式体现着不同、独特和特殊性？你是否会认为每个水果、每棵树、每个人、每种生命形态都是如此？你是否因为没注意到这件新鲜事而错过了什么？

鸭子们在池塘里嬉戏玩耍，如同彼此的复制品。在一个群体中，企鹅在形状、大小和颜色上可能看起来都是一样的。但它们都是独立的个体，有独特的性格、自己的家庭、不同的声音、不同的情感和不同的责任。蚂蚁、蚱蜢和瓢虫也是如此。如果你打算收养两只瓢虫做宠物，你多半会给它们取不同的名字。下一次当你看到这些可爱的生物时，试着关注它们的个性。

我们每个人都用自己的方式体现独特性和新颖性，我们都有自己的故事，有些故事你知道，有些你不知道。如果你关注一个人的新颖之处而不去评判他是好是坏，你可能会被看到的多样性和丰富性所吸引。如果你要寻找新颖性，你就一定会找到。于平凡处寻找新颖性会增加你注意力的深度并且提高你的观察能力。

- ☺ **独特的衣服**：挑选一件你孩子的（孙子的或其他人的）衣服，寻找这件衣服的新奇之处。看可爱的纽扣、颜色图案，欣赏布的柔软、所带的婴儿香味和其他所有感官能够感知到的体验。看这件衣服时就好像你是服装设计师一样。

- ☺ **新奇的海洋**：看看房子周围。在你的牙刷里发现新奇之处，在你吃的苹果上看到独特性，发现一朵花甚至是一株草的特殊之处。以一种新鲜、开放的态度和学习的意愿来看待你家里的普通物品，比如门、窗、微波炉、洗碗机、烤箱、家具、床、牙膏、肥皂和电视，它们中的每一个都具有独特性和新颖性。你在车里、路上、上班或餐馆里的大部分东西也都独具一格。

你是否认同自己遨游在新奇的海洋中？要欣赏这种新颖性，你必须延迟基于价值评判的分类，这意味着你看到了一切的本质：神奇、独特和珍贵的。即使是最平凡的事物也是宇宙无尽发展的结果，因此是新颖且珍贵的。发现新颖性能帮助你尊重和崇拜所关注的对象。就和你周围的事物一样，你遇到的每个人都有自己独特且新颖的一面，你能够发现、欣赏并从中学习。

- ☺ **个人新颖性**：下次你在家里或工作场所遇到某个人时，要特别注意他的用词，注意他的新颖性，思考一下他出现在你生活中所可能走过的奇妙旅程。

☺ 练习 2. 一次开启一个感官系统

拿出一个苹果，分两步观察它：

1. 手里拿着苹果，将其作为一个整体欣赏。
2. 现在用自己的感官欣赏这个苹果，一次只使用一种感官。

首先注视这个苹果，注意它的形状、颜色、果柄和上面的所有标记。可能有一张贴纸描述它的产地或包装，欣赏这个苹果的独特性。世界上大概没有其他苹果与这个苹果一模一样。

现在用触觉感知这个苹果，感受一下它的光滑以及它表面所有的斑点。

将苹果凑近鼻子，深呼吸，闻一下它的芳香，细细地感受一下。

将苹果印进脑海，闭上眼睛想象一下苹果内部是空的，想象整个空间，想象这个空间逐渐被柔和的白光所填满。

睁开眼睛，咬一口苹果，然后再闭上眼睛。关注你嘴里苹果的味道，试着轻轻地吸掉从里面流出的果汁。当果汁已尽，再嚼一口，品味其中的味道和流出来的果汁。如此重复咀嚼五次。最后一次咀嚼结束后，再咬第二口，重复这个过程，直到吃完这个苹果。

请注意本练习的两个具体观察点。

1. 这个练习可能让你认识到苹果的独特性。现在，你可能会意识到，每个苹果都有自己独特且珍贵的特性。
2. 每次只开启一种感官，你会更有效地发现这种独特性。

你可以用你喜欢的任何水果或蔬菜来做这项练习。你能一次用一种感官来欣赏你所处环境的其他方面吗？这种方法非常适合训练你的注意力，并把它带回现实世界。

☺ 练习3. 发现新细节

练习1和2适合独自在安静的房间里练习。当你发现自己的意识呆滞时，它们都可以帮你将注意力分配到你选择的任何地方。第3个练习是发现新细节练习。它引导你去关注一个物体，直到你能够找到至少一项以前不知道的新细节。

☺ 找四个你熟悉的小物件。如果你很难找齐四个物件，就用右手的四根手指。伸直这些手指，最开始将它们作为一个整体。现在试着观察手指的四个新细节，这些可能是你之前没有注意到的。

比较示指和无名指的长度，哪一个更长？（提示：人与人之间差别很大。）

小指指尖超过无名指的第二关节线了吗？（提示：人与人之间差别很大。）

你能单独弯曲任何一根手指触摸手心，同时保持其他三根手指伸直吗？（这个有可能做不到。手指之间相互联系，很难单独行动。）

现在手背朝上，看一下指甲的根部，哪个指甲根部有白月牙？

这个练习中，你发现了手指的新细节吗？

如果你选择四个类似的物品，比如手机、寻呼机、钢笔和衬衫上的一颗纽扣，针对每件物品找出一个新细节，比如：

开机时，手机会显示什么特殊单词呢？

寻呼机上的时间显示秒吗？

这支钢笔是斜体显示还是普通字体？

你衬衫的纽扣是什么颜色的？

发现新细节练习不但能让你更了解熟悉的世界，也会让你更喜欢周遭的世界，因此，你学到越多，就会发现减轻思想负担越容易，压力感也可能更低。当你处于一个更熟悉的环境中时，发现新细节练习尤其有用。虽然这个练习的设计初衷是发现一项新细节，但你可以尽可能地发现更多的细节。

在我们开始下一次练习之前，想想什么时候你能发现事物的新奇之处，是"一次开启一种感官系统"练习，还是"发现细节"练习。白天做这些练习对训练注意力有帮助，一天2~4次是个不错的目标。注意力训练可被看作是与锻炼身体一样的活动。

☺ 练习 4. 想象一个故事

到目前为止，每项练习和概念都是为了将你的注意力转移到外部世界。下面讨论的练习是一个例外，它既保持与世界的联系，又小心翼翼地迈入心灵世界。

☺ **苹果的旅行**：拿一个苹果，给它起个名字，就叫阿普琳娜。开启所有的感官关注阿普琳娜，一次使用一种。现在看着阿普琳娜，让自己想象一下她的故事。从果园里一棵树上一朵不安全的小花开始，阿普琳娜就开始了她成功的人生旅程。让想象力飞到果园——阿普琳娜开始旅程的那棵树、那根树枝、那朵花。想象一下从那时到现在的时间距离，想象一下你和那个果园的空间距离。

这朵花经受住了风雨的变化无常，它也在昆虫的袭击和许多可能摧毁它的其他威胁中幸存下来。果实慢慢长大，从一个又小又酸的仔苹果到完全成熟的苹果。成熟后，阿普琳娜被挑选、贴标签、储存、上蜡，然后运输——很可能是到了千米之外。在和其他苹果一起的旅途中，她有时会被埋没而感到不舒服，有时候又被放在表面，呼吸新鲜空气。想象自己和阿普琳娜一起旅行。穿越整个国家的旅行甚至可能在阿普琳娜表面留下了痕迹。

最后，她来到了一家水果店，经过评定后待售。阿普琳娜希望在她变老和死去之前被买下。幸运的是，你发现了她的价值并按照标价买下了她。她现在已准备好履行她的诺言，愿意为了你的营养而牺牲自己。

你身边的每个事物都有这样一个令人惊奇的故事，它们最终汇聚到一个人身上——你。关注你周围的一切，停下来思考一下每个事物都在你的生活中扮演着怎样的角色，例如，胶带、铅笔、钢笔、纸、寻呼机、手机、玩具、衣服和你的车。成千上万的人合作才能将这些熟悉的日常用品呈现到你面前。如果你能训练自己去思考这个故事，你可能会练出一种技能，可以理解更深层次的现实，付出更多的关注，因为你对一切都有一种新的尊重。这一技能也将帮助你避免急于求成，锻炼你理解他人的能力。这样的关注使每个事物都显得特别，让你与生俱来的善良得到绽放。对于你所爱的人和朋友来说这是尤为重要的特质。

朋友和所爱的人这个特殊群体是你生活的一部分，这本身就是一个奇迹。宇宙如此之大，地球上有超过70亿人，某群特殊的人出现在你的生活中，概率小得难以想象，比赢得彩票大奖还小。每个与你关联的人都代表着一个真正的奇迹。思考一下每种关系，无论是家里或是工作中，这都是一种真正的祝福，一份值得珍惜的礼物。

当你有能力思考别人的人生旅途时，你可能会意识到，你正是在他人旅途中的某个地方遇到了大多数人和事。在他们的生活中，你遇见了你的父母、配偶和朋友，你未曾参与他们的起点，或许也无从知道他们的终点。对于家里的大部分物品，你在中途认识了它们，不是在它们的开始，或许也不是在它们的终点。只有关注并思考它们所诉说的故事，你才能理解它们独特的价值。你今天所拥有的大部分东西都曾是别人的，你拥有的东西未来也可能转给其他人。了解这一点的目的是要认识到生活中大多数事物的相聚都是短暂的，而这一认识很可能会让你更欣赏周围的一切，它会让你变得更善良。